原子力の深い闇

"国際原子力ムラ複合体"と国家犯罪

相良邦夫

藤原書店

はじめに

青葉と、白や淡い紅の大輪の花が映えるシャクナゲと堅強なケヤキをシンボルに指定し、「明るいふるさとをつくろう」と県民歌で誓った福島県をはじめ、各地の被災者にとって、過酷な福島第一原発事故から四年という、理不尽で、無常な歳月が流れた。

たとえ加害物質が、放射性物質と化学物質とに異なっていても、この不条理な事態は、半世紀以上前の一九六二年に、アメリカの生物学者レイチェル・カーソンが『沈黙の春』で、DDTなど合成殺虫剤による人間の健康と自然環境への悪影響を告発した当時と酷似している。

化学製造業界と政府が圧力をかける中、カーソンは「DDTの白い粉が、雪のように、屋根や庭、野原や小川に降り注ぎ、春が訪れても鳥の姿はなく、自然は黙りこくっている」と訴え、ケネディ大統領が関心をいだき、世界中の人々が共感して立ち上がった。

DDTは肝臓、神経系など多くの疾患の原因となるとともに、生態系にも悪影響を与えることがわかり、各国で使用が禁止された。

福島原発事故では、ＤＤＴよりもっと細かく、目に見えない放射性物質が、政府発表だけでも少なくとも八県に降り注ぎ、(実際はもっと広いが)大気だけでなく、大地をも汚染し、数多くの人々がいまだに故郷を追われたままである。

福島原発事故で、政府が実施する政策と対策は、不可解な欺瞞に満ちている。

その一つは、放射性物質は、空気と土壌を汚染するのに、政府は空気中の放射性物質の線量を簡単に測っただけで避難基準を決め、土壌の汚染濃度を無視してしまったことである。

避難は長期化するから、チェルノブイリ原発事故の法律では、空気と土壌両方の汚染量をもとに、避難対策が決められた。

その二つは、政府や自治体の取り組む除染の範囲が、住宅、公共施設、農地にしろ、すべて生活圏であり、広大な森林や山林は除染の対象外となっていることである。除染期間が終わったら、風雨が運ぶ放射能汚染物質はだれが除染するのか。肝心なのは大地の汚染なのだ。

福島原発事故の結果、セシウム(134、137)とか、ストロンチウム(90)とか、プルトニウム(239)とか、日ごろ聞きなれない放射性物質が、テレビや新聞、インターネットに溢れかえった。政府も、学者も、日常の「自然放射線」と比べて、原発事故の放射能汚染をカムフラージュした。

皮肉なことに、これらの放射性物質は、みんな私たち人間が作り出した「人工の放射性物質」なのである。

カーソンが告発したＤＤＴも、原子力発電所も、第二次世界大戦の大量殺りく兵器開発の落とし子であり、二十世紀の科学技術と戦争が生み出した負の、いや「死の遺産」なのだ。

DDTは、昆虫を実験台に使って、人間を殺す化学兵器を開発中に、殺虫力のある合成化学物質を見つけ、殺虫剤に転用したものだ。原発は、巧言でつくろっても、原爆を広島・長崎に投下後、核分裂のエネルギーを発電に転用した技術にすぎない。

原子力（核）問題は、政府が〝沈黙〟する根源的な核心問題を、もはや避けて通れない。

それは、世界の放射線の安全基準として、日米両政府による広島・長崎原爆の「外部被ばく」調査をもとにした国際放射線防護基準（ICRP基準）が採用されているからだ。

被ばくにはもう一つ、呼吸や食品、水から体内に放射性物質を取り込む「内部被ばく」がある。これが除外されたままなので、「内部被ばく」を入れた、新しい放射線防護基準を創設する必要がある。またICRP基準は、遺伝子DNAの構造が明らかになる前に作られ、チェルノブイリ原発事故で明確になった放射線の遺伝的な影響を考慮していない欠陥なども抱える。

欧州放射線リスク委員会（ECRR）は「原子力の科学的な真理は、不完全で偏った、また不正確で不確実な、多くの異なった演目や役者、舞台カラクリ、相互演出を組み合わせた代物だ」と、政治的に作成された科学基準を酷評している。

それにもかかわらず、核兵器保有国を中心とする原発推進国、および国際原子力機関（IAEA）、原子放射線の影響に関する国連科学委員会（UNSCEAR）、世界保健機関（WHO）など国連の諸機関は、「チェルノブイリ・フォーラム」に象徴される〝国際原子力ムラ複合体〟と思しき一大利益共同体を結成し、従来の防護基準をゴリ押しして、世界の原発の増設を推進している。

この利益共同体は、かつての産軍複合体のようなものだ。日本をはじめ各国の政府および〝原子力ムラ〟勢力と結託して、良心的な科学者たちの学会論文掲載や昇進の拒絶、市民グループの活動の妨害などを行って、自由な意見発表や人間の生きる権利さえ封じ込めようとしている。

フランスの哲学者モンテーニュは「われわれの理性的な思考や知性によって作り出されたものは、なんであれ、その真偽にかかわらず、不確実性と議論を免れることはできない」と言い、「その昔、神がバベルの塔という混乱と混沌を引き起こしたのも、人間の尊大さを罰して、その悲惨さと無力さとを思い知らせるためにほかならない」と説いている。

フランシスコ・ローマ法王は二〇一五年三月二十日、バチカンで日本カトリック司教団と会談し、福島第一原発事故などを旧約聖書の「バベルの塔」にたとえ、人間の思い上がりが文明の破壊を招くと警鐘を鳴らした。

日本は、DDTを環境汚染物質に指定したのに、放射性物質は環境基本法をはじめ、大気汚染防止法や土壌汚染防止法など個別関連法の環境汚染物質から除外したままだ。

戦後七〇年、日本は原子力を治外法権的な特別扱いをし、毎年、巨額の国家予算をつぎ込み続け、法体系も経済・社会制度も、原子力を中心に組み立ててきた。福島原発事故を招いた政・官・財・学・医学医療・文化人・メディア七者の癒着は、断ち切らねばならない。

汚染土などを保管する中間貯蔵施設、最終処分場のように、福島原発事故は、あらかじめ原発が放射性廃棄物の処分場まで確保してからつくる必要のある、高価で危険な施設であることを証明した。今後、次々と廃炉を迎える原発から大量に出る放射性廃棄物の処分場さえ確保されていない。

各種の世論調査では、日本人の過半数が脱原発に賛成している。半減期の長い放射性物質は、二万四千年も放射能が消えない。原発問題は、広く私たち日本人に対し、自分の子どもや孫といった現世代だけでなく、自分と血のつながらない、これから生まれてくる、未来世代の人々の利益にも目を開くよう、問いかけている。

原子力の根源的な核心問題を無視し続ける、政府の行き当たりばったりの政策を、私たちが容認するのであれば、政府が安全基準をゆるめ、一般ごみ化して全国拡散処理をはじめた低レベル放射性廃棄物からの「内部被ばく」などの悪影響を、私たちは何人《なんぴと》も等しく受け、健康の代償をあがない続けなければならないだろう。

原子力の深い闇　目次

はじめに　1

序　戦後七〇年、福島原発事故から四年――国家犯罪と〝国際原子力ムラ複合体〟の虚構を暴く――　15

第Ⅰ部　福島第一原発事故の現状と問題点　21

第1章　福島県の被災地と、東日本八県九九市町村の除染の遅れ　23
東日本大震災と原発事故の被災者の避難状況、汚染地域の除染の進捗状況を図表化。汚染水問題、海洋放出と東電の隠蔽、廃炉と事故原因の証拠隠滅危機、再稼働申請の急増、世界初の混合核燃料（ＭＯＸ）原発も建設中。

第2章　クリアランス制度による放射性物質の全国拡散処理化　40
帰還区域の被ばく安全基準値の二〇倍引き上げ。チェルノブイリは一ミリシーベルトから住民保護。クリアランス制度で基準を八〇倍も甘くし放射性廃棄物の全国一般ごみ化。最終処分場もなく、廃炉の廃棄物処理も迫る。

第3章　福島第一原発事故の健康と食品への影響　58
国連人権理事会はリスク便益でなく、人権に基づく政策実施を勧告。公表被ばく線量は内部被ばく除外の四割引き。食品の安全基準は原発内低レベル廃棄物と同じ。福島県の子どもの甲状腺がんと疑いは一一七

人に増加。

第Ⅱ部　チェルノブイリ原発事故と福島原発事故の比較　79

第4章　ウクライナとベラルーシの人口激減と健康被害　81

人口が激減したウクライナとベラルーシ。主因を生活習慣病とする国連機関。ウクライナは新生児が激減、死亡者が激増。ベラルーシは死亡率が出生率の倍以上、子どもの甲状腺がんが激増。セシウム137が女性不妊の主因。

第5章　〝国際原子力ムラ複合体〟「チェルノブイリ・フォーラム」はIAEAの指揮か？　94

――統計的な確証が無いと宣言し、重要な科学研究成果を無視し続けるIAEA――

甲状腺がんの急増さえ予測できず、白血病、悪性腫瘍、心血管疾患などの放射線との関係も否定した同フォーラムを、CCRDFや被災三カ国の科学者たちが告発。チェルノブイリの最大の被害者は①事故処理作業員②子ども③妊婦。

第6章　福島原発のほうが格段に高い、帰還居住区域の放射線被ばく線量　111

「被災者の社会的な保護」を目的とするロシアのチェルノブイリ法。被災地(者)を明確化、年間五ミリシーベルト以上は強制移住区域。福島の「原発事故子ども・被災者支援法」は、支援対象地域の基準値も、被災地（者）も不明確。

第Ⅲ部　〝国際原子力ムラ複合体〟の実体　121
――被ばく障害を「生活習慣病」でカムフラージュ――

第7章　「生活習慣病」と「内部被ばく」問題　123
体内の放射性セシウムは他疾患の悪化や合併症を引き起こす。心血管系、肝臓、免疫系から妊婦、胎児、神経系など、ほとんどの器官に機能異常や障害。内部被ばくは晩発性障害で、遺伝的障害、先天性障害も発症する。

第8章　世界の放射線防護基準を作った国際放射線防護委員会（ＩＣＲＰ）に対する疑問　139
ＩＣＲＰは、アメリカが原爆投下後、広島、長崎両市に設けた「原爆傷害調査委員会（ＡＢＣＣ）」による初期放射線の外部被ばく調査をもとに、ＩＣＲＰ基準を作成。放射性降下物の残留放射線の内部被ばくを無視した公正性を欠いた防護基準。外部被ばくは加害国の関心事、問われるのは被ばく国の主体的な研究。

第9章　欧州放射線リスク委員会（ＥＣＲＲ）の告発と日本　157
科学者のルール「科学的合意」の達成を踏みにじる国際放射線防護委員会（ＩＣＲＰ）。対立論文は査読前に却下。政治的判断で決める基準。国際原子力機関（ＩＡＥＡ）と世界保健機関（ＷＨＯ）の協定が障害。日本は違反者の論文も昇進も認めず。公益通報（内部告発）は、特定

機密保護法で危機に。

本の使命。

第Ⅳ部　福島原発事故は虚構の上に成り立つ国の犯罪　167

第10章　原子力中心に組み立てられた日本社会　169

――原発再稼働と賠償、廃炉などの巨費は国民のツケに――

環境基本法と関連法は放射性物質を適用除外。原子力関連法は二七法、国際法は一六法も。損害賠償はすでに五・四兆円。世界の原発は三一カ国に四三七基。アジア、中近東が原発増設の新市場。他国の原発事故の影響も心配な時代に。

第11章　新たな「国際放射線防護基準」の創設を　193

――人類の健康と福祉を守るために、「内部被ばく」を入れた基準を――

内部被ばくは遺伝や諸疾病にも影響。だが、世界保健機関（ＷＨＯ）でさえも〝国際原子力ムラ複合体〟の主要メンバー。福島原発事故の原因「人災」究明、「健康への権利」確立、脱原発に必要な原子力規制委員会と司法の公正な一貫した判断。憲法に照らした司法の「違憲審査権」の行使。

内部被ばくを入れた新たな国際放射線防護基準の創設は、原爆・核実験・原発事故というトリプル（三重）被ばくと四大公害事件を受難した日本の使命。

［附］

装丁＝作間順子
本文扉写真＝市毛　實

原子力の深い闇

〝国際原子力ムラ複合体〟と国家犯罪

「人間の考え方というものは、伝統的な思い込みを受け継いだ権威や信用の力により、まるで呪文のように受け入れられてきた。一般的に信じられていることを論証も証拠もひっくるめ、がっしりとした堅牢な建物として認め、二度とこれを揺さぶったり、判断したりしないのである。」

「人があまり物事を疑わないのは、全然検証しないからだ。間違いや弱点のひそむ根元の所に深入りせず、われわれの自由な判断と信念にのしかかる束縛と横暴な力が、大学や学問の世界まで蔓延したのは当然のことだ。」

「アリストテレスの学説が鉄則として教えられるが、別の学説と同じく間違っているかもしれないではないか。プラトン、ピタゴラス等々、ごりっぱな理性も数えきれないほどの矛盾錯綜した意見や判断を生み出してきた。」

「最初に一般的前提や、圧倒的な力を行使する前提を、確実だと納得することは、愚かさと極端な不確実性の確かな証拠なのである。」

ミシェル・ド・モンテーニュ『エセー(随想) 4 レーモン・スボンの弁護』(宮下志朗訳、白水社)

序　戦後七〇年、福島原発事故から四年

——国家犯罪と〝国際原子力ムラ複合体〟の虚構を暴く——

東日本大震災と東京電力・福島第一原発事故から、二〇一五年三月で四年たった。大震災の死者・行方不明者は約一万八五〇〇人（震災関連死二九〇〇人）を超え、全国の避難者約二三万人（うち半数が福島県）が、なお仮設住宅などで生活する。

チェルノブイリと並ぶ福島原発の過酷事故（国際原子力事象評価尺度（ＩＮＥＳ）が定めた事故の規模で、最も深刻な「レベル７」）は、福島県をはじめ、少なくとも東日本の八県一〇四市町村（当初発表）を汚染し、全体として除染作業はいまだに十分に進んでいない。

原発の汚染地下水処理、放射性物質の中間貯蔵施設や最終処分場の建設が難航する一方、政府は二〇二〇年の東京オリンピック開催へ向け、廃炉作業に着手、東京地検による東電幹部三人の再不起訴処分など、強引な手法で福島原発事故の風化を推し進める。

戦後七〇年。広島・長崎の原爆投下でアメリカの〝従属国〟となり、原子力を中心に政治、経済、社会を築き上げた私たち日本人に、福島原発の過酷事故は、憲法に抵触する国の犯罪ではないかという、大きな疑

問を提起する。

憲法は国民に生きる権利と健康な生活、公衆衛生の増進を保障している。ところが、福島原発事故で、政府が政策に適用する放射線（放射能）の安全基準値は、私たちの健康を真剣に配慮せず、経済効率を重視した政治決定を下している。

八〇倍も基準を甘くし、放射性廃棄物をクリアランス制度で、全国一般ごみ化処理

その例は枚挙の暇がない。除染とは別に、政府は「放射性物質汚染対処特措法」に、放射性廃棄物を一般廃棄物（ごみ）として処理する「クリアランス制度」を導入し、従来の放射能濃度の基準値より八〇倍も高い放射性廃棄物（八〇〇〇ベクレル以下）を、全国で一般ごみとして拡散処理を始めた。クリアランスは、〝在庫一掃セール〟みたいなもので、全国の原発廃炉から出る大量の放射性廃棄物を、一般ごみとして処理する下準備なのだ。

福島原発の居住許可区域は、チェルノブイリの四倍も放射線量が高い

政府はまた二〇一一年十二月、平常時の一般人の被ばく限度値である年間被ばく線量一ミリシーベルトを、突如二〇ミリシーベルトへと引き上げ、福島県の線量の高い一一市町村を三区域に再編し、年間二〇ミリシーベルト以下の「避難指示解除準備区域」に住民の帰還と居住を許可した。チェルノブイリ原発事故の被災三カ国は、チェルノブイリ法により年間一ミリシーベルトの被ばく線量から保護策を実施し、五ミリシーベルト以上の汚染地域では居住も生産活動も禁止している。

全国各地の土壌中の放射性セシウム濃度が、事故後に上昇

チェルノブイリ原発事故では、放射性物質の「大気中の空間線量と土壌濃度の両方」を基準に住民の保護対策を講じているが、福島原発第一事故では「空間線量を中心」にしており、指定避難区域以外は住民の保護対策が甘くなっている。

日本各地の土壌（深さ五―二〇cm／一kgあたり）に含まれる放射性セシウム137の量は、福島原発事故後、上昇している。

一般食品の被ばく限度は、原発内の低レベル放射性廃棄物の放射能濃度と同じ

続いて政府は、二〇一二年四月から食品に含まれる放射性セシウム濃度の基準値（一kgあたり）を、一般食品一〇〇ベクレル、乳児用食品および牛乳五〇ベクレル、飲料水一〇ベクレルに引き下げた。これは、一般人の被ばく限度量の目標値（年間一ミリシーベルト）に対応したに過ぎず、食品の新規制値には独自の科学的根拠などない。

それが証拠に、原発内では、放射性セシウムの濃度が一〇〇ベクレルを超えると、「低レベル放射性廃棄物」として黄色いドラム缶に詰め、専用保管所に保管している。

ＩＣＲＰの国際放射線防護基準は、「内部被ばく」を無視した、広島・長崎原爆の日米調査が基本で時代後れ

政府が、このような決定の根拠にしているのが、「国際放射線防護委員会」（ＩＣＲＰ）の作った国際放射線防護基準である。ＩＣＲＰの防護基準は、アメリカが一九四五年に広島・長崎に原爆を投下後、両市に設置した「原爆傷害調査委員会」（ＡＢＣＣ）および日米両国政府共同運営の放射線影響研究所の「外部被ばく」調査をもとに設定され、現在も世界各国の防護基準として用いられている。しかし、一九八六年のチェルノブイリ原発事故以降、「内部被ばく」による様々ながんや疾病の発病をはじめ、健康への悪影響が顕著となり、福島原発事故でもその兆候が現われ始めている。

世界保健機関（ＷＨＯ）はＩＡＥＡと提携、〝国際原子力ムラ複合体〟のメンバー

ＩＣＲＰは独自の調査研究組織を持たない任意の組織だが、国際原子力機関（ＩＡＥＡ）、原子放射線の影響に関する国連科学委員会（ＵＮＳＣＥＡＲ）といった国連の原子力推進グループの一員だ。この国際的な原子力推進グループには、健康のチェック機関でもある世界保健機関（ＷＨＯ）や国連食糧農業機関（ＦＡＯ）までがその陣営に取り込まれ、これらの国連機関は、背後で核兵器保有国、原子力産業と結託してＩＣＲＰや「チェルノブイリ・フォーラム」に象徴される〝国際原子力ムラ複合体〟を形成し「内部被ばく」を無視し続け、世界の健全な科学の発展を妨げている。

福島原発事故では今後、低レベル放射性物質の「内部被ばく」が問題に

福島原発事故後、これから特に重大な問題になるのは、被災者の健康問題、とくに呼吸や食品から体内に取り込んだ低レベル放射性物質による長期的な「内部被ばく」の影響だ。「内部被ばく」には、時間が経ってから起きる晩発性障害、遺伝的障害、胎児期の先天性障害がある。この肝心な「内部被ばく」を除外したＩＣＲＰ基準は、真の国際放射線防護基準とは言えない。

良識ある世界の科学者たちが立ち上がり、ＩＣＲＰ国際放射線防護基準を告発

これに対し、欧州放射線リスク委員会（ＥＣＲＲ）、アメリカの「チェルノブイリの子どもたちへの支援開発基金」（ＣＣＲＤＦ）をはじめ、ロシア科学アカデミーのアレクセイ・Ｖ・ヤブロコフ氏などチェルノブイリ被災三カ国の科学者グループ、ベラルーシのユーリ・Ｉ・バンダジェフスキー元ゴメリ大学学長、日本の「市民と科学者の内部被曝問題研究会」など多くの組織や科学者たちが立ち上がり、独断的で偏向したＩＣＲＰの国際放射線防護基準の矛盾を数多くの有意な科学的データに基づいて糾弾し、改めるよう強く要求している。

国連人権理事会は、人権に基づく被ばく線量の低減と、被災住民の健康調査拡大を勧告

人権面から福島第一原発事故の日本政府の対応を調査していた「国連人権理事会」は、二〇一三年五月、「心身の健康を享受する権利に関する報告」を公表し、日本政府に対し、「避難区域と被ばく限度値に関する政策は、現在の科学的証拠にしたがい、リスク便益分析（リスク削減費用）ではなく、人権に基づいて策定し、福島県をはじめ、一般人の被ばく線量を年間一ミリシーベルトに低減する」ように勧告した。

戦後七〇年――原発訴訟は最高裁ですべて住民敗訴、司法は公正な判断を

戦後七〇年、原子力と基地は日本がアメリカの従属国となった象徴でもあった。日本は、いやしくも立法（国会）、行政（政府）、司法（裁判所）の三権力が分立する民主主義国家である。〝国際原子力ムラ複合体〟が科学を装い、政治的に決めた放射線防護基準に疑問も持たず、唯々諾々と国民に押しつける日本政府の独断的な原発推進政策にブレーキをかけ、改めさせるには、良心的な科学者や市民グループなどの告発だけではなく、司法による公正な判断が欠かせなくなった。

日本では、主な原発訴訟（行政、民事）だけでも、住民による一九七三年の伊方原発1号機（愛媛県）の設置許可取り消し訴訟以来、五五件を超す訴訟が起こされている。これら訴訟のうち、住民側が勝訴したのは、東日本大震災以前の一審訴訟のわずか二件に過ぎない。最高裁で勝訴した原発訴訟は一件もなく、すべて却下あるいは棄却されている。

原発推進政策は、国民が健康に生きる権利を侵害する違憲問題

これからの原発問題は単なる法律や政策問題ではなく、もっと根源的な憲法の次元から論理を組み立てなおし、裁判所に問う段階にきている。それには、原発の推進政策が、憲法による国民の健康で文化的な最低限の生活の保障と矛盾し、国民の基本的人権の侵害になるとする違憲問題展開の筋道をつくる必要がある。

日本は、広島・長崎原爆と水爆実験、さらに福島第一原発の過酷事故で「トリプル（三重）被ばく」を受けた唯一の被災国である。「内部被ばく」は、主義、主張を越え、日本人全員の問題として避けて通れない。

広島・長崎原爆の被爆で亡くなった犠牲者は、推計四一万六〇〇〇人を超す。

日本が、憲法で国民に保障した生きる権利と健康な生活、公衆衛生の増進を、真に遵守する国であろうとするのであれば、広島・長崎原爆の「被ばく」はもとより、国策民営化によって繰り返された明治時代の足尾銅山鉱毒事件、昭和時代の水俣病など四大公害事件などの苦渋に満ちた教訓を、今こそ福島第一原発事故の対応政策で具体的に生かす必要がある。

日本は、「内部被ばく」を入れた「新たな国際防護基準」を創設する活動の先頭に正々堂々と立ち、立ち遅れている「原発事故子ども・被災者支援法」をはじめ、真に人間の血の通った福島第一原発事故の放射能汚染対策を実施しなければなるまい。

第Ⅰ部

福島第一原発事故の現状と問題点

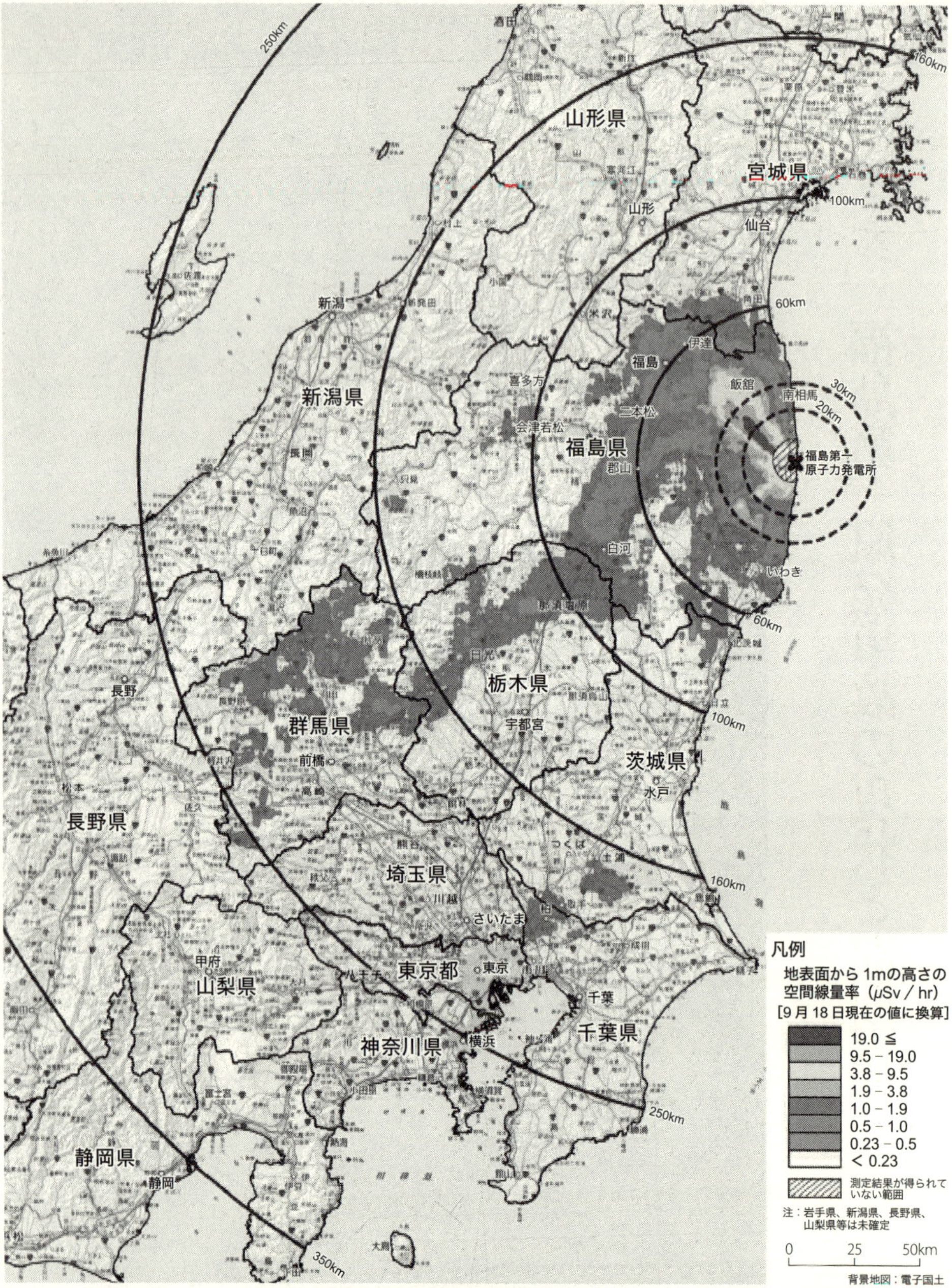

福島第一原発事故に伴う汚染状況

福島第一原発から半年後に政府が発表した、東日本に放出された放射性物質の汚染状況を表したマップ。地表から 1m の高さの空間線量を測定したもので、単位はマイクロシーベルト（μSv）／1時間あたり。凡例の“0.23 マイクロシーベルト（μSv）／1時間あたり”は、年間 1 ミリシーベルト（mSv）に相当。（**カバー折り返し参照**）

（出所：環境省水・大気局）

第1章　福島県の被災地と、東日本八県九九市町村の除染の遅れ

■東日本大震災から四年——全国避難者の半数は福島県／東日本八県の九九市町村も除染作業中

東日本大震災と福島第一原発の過酷事故（二〇一一年三月十一日）から、四年が過ぎた。東日本大震災の全国の死者・行方不明者は約一万八五〇〇人に及ぶ。全国では依然として約二三万人が仮設住宅などで避難生活を余儀なくされており、このうち同原発の立地する福島県の避難者が半数以上を占める。

福島第一原発事故の放射能汚染地域は、福島県に目を奪われがちだが、別掲のマップ**「福島第一原発事故に伴う汚染状況」**（環境省）で分かるように、（実際にはもっと広いが）少なくとも東日本の八県が、放射能に汚染されている（**表1—1〜5**）。

■除染は国の直轄と市町村の義務に分離、国直轄で除染終了は四市町村だけ

政府は、福島県の一一市町村（元警戒区域または計画的避難区域）を国が直轄で除染する「除染特別地域」に指定する一方、八県の一〇四市町村（当初）は当該市町村が自ら除染する「汚染状況重点調査地域」（非直轄地域）

表1-1　東日本大震災の全国被害状況（2015年4月10日現在）

(1) 人的被害	人　数
死者	1万5891人
行方不明	2579人
負傷者	6152人
震災関連死	2688人
(2) 建築物被害	戸　数
全壊	12万7833戸
半壊	27万5792戸
一部破損	74万8944戸

（注）震災関連死は2015年3月末日現在　（出所：警察庁）

表1-2　東日本大震災の全国避難者

2011年3月14日 （震災発生3日目）	⇒	2015年1月現在 （震災約3年10カ月後）
約47万人	⇒	約23万人

（出所：復興庁）

表1-3　福島県の避難者数

2015年1月3日現在⇒県全体約11.9万人
（内訳は県内約7.3万人、県外約4.6万人） ＊県内は親類宅等の自主避難者を含まない。

（出所：復興庁および福島県）

表1-4　東日本大震災の全国避難者の仮設住宅など居住状況（2015年1月現在）

居住状況	入居者数	備　考
公営住宅など	1万8574人	全国計
民間住宅	9万8128人	全国計
仮設住宅	8万2985人	岩手、宮城、福島、茨城、千葉の5県

（出所：復興庁および内閣府）

表1-5　福島県の避難者の仮設住宅などの居住状況（2015年1月現在）

居 住 状 況	入居者数
仮設住宅（民間借り上げを含む）	約6.7万人
雇用促進住宅等	約0.3万人
親戚・知人等	約0.3万人
計	約7.3万人

（出所：復興庁および福島県）

表1-6　除染の進捗状況（福島県外と県内）（2013年6月末、7月末現在）

福島県外※（2013年6月末現在）	発注割合（発注数／予定数）	実績割合（実績数／予定数）
学校・保育園等	ほぼ発注済み	ほぼ終了
公園・スポーツ施設	約8割	約8割
住　　宅	約6割	約3割
その他の施設	約3割	約3割
道　　路	約3割	約3割
農地・牧草地	約8割	約6割
森林（生活圏）	一部	一部

福島県内※※（2013年7月末現在）	発注割合（発注数／計画数）	実績割合（実績数／計画数）
公共施設等	約8割	約6割
住　　宅	約5割	約2割
道　　路	約5割	約3割
農地・牧草地	約9割	約8割
森林（生活圏）	約3割	約1割

※福島県外は「汚染状況重点調査地域」（8県100市町村）
※※福島県内については、福島県が行った調査結果を基に作成
（出所：環境省水・大気局）

に分けて、除染を実施している。

この「汚染状況重点調査地域」の一般人の放射線被ばく線量は、年間一ミリシーベルト（mSv）以上の地域である。政府はこれを毎時〇・二三マイクロシーベルト（μSv）に変更した（**「福島第一原発事故に伴う汚染状況」**）。

野田佳彦首相（当時）は、二〇一一年十二月に、原子炉が冷温停止状態になったとして、軽率ともいうべき事故の収束宣言をし、一般人の年間被ばく線量の安全基準値を、従来と比べ二〇倍も高い二〇ミリシーベルト（mSv）に引き上げた。

続いて二〇一二年四月から十二月にかけ、福島第一原発二〇キロ圏とそれ以遠の高汚染地域を、除染による放射線量に応じて三区域に再編し、年間積算線量が二〇ミリシーベルト以下になることが確認された地域を「避難指示解除準備区域」とし、住民の帰還準備に着手した。

だが、除染の進捗状況を見ると、福島県の「除

表1-7 「汚染状況重点調査地域」として指定されている8県の99地域

（2014年11月14日現在）

県 名	市町村数	指 定 地 域
岩手県	3	一関市、奥州市、及び平泉町
宮城県	8	白石市、角田市、栗原市、七ケ宿町、大河原町、丸森町、亘理町、及び山元町
福島県	39	福島市、郡山市、いわき市、白河市、須賀川市、相馬市、二本松市、伊達市、本宮市、桑折町、国見町、大玉村、鏡石町、天栄村、会津坂下町、湯川村、柳津町、会津美里町、西郷村、泉崎村、中島村、矢吹町、棚倉町、矢祭町、塙町、鮫川村、石川町、玉川村、平田村、浅川町、古殿町、三春町、小野町、広野町、新地町、田村市、南相馬市、川俣町、川内村は除染特別地域も含まれるのでこれを除く地域
茨城県	20	日立市、土浦市、龍ケ崎市、常総市、常陸太田市、高萩市、北茨城市、取手市、牛久市、つくば市、ひたちなか市、鹿嶋市、守谷市、稲敷市、鉾田市、つくばみらい市、東海村、美浦村、阿見町、及び利根町
栃木県	8	佐野市、鹿沼市、日光市、大田原市、矢板市、那須塩原市、塩谷町、及び那須町
群馬県	10	桐生市、沼田市、渋川市、安中市、みどり市、下仁田町、中之条町、高山村、東吾妻町、及び川場村
埼玉県	2	三郷市、及び吉川市
千葉県	9	松戸市、野田市、佐倉市、柏市、流山市、我孫子市、鎌ケ谷市、印西市、及び白井市
計	99	

＊当初の指定地域は104市町村だったが、その後、次の5市町村が指定地域を解除された。
宮城県石巻市（2013年6月25日）
福島県昭和村、群馬県片品村、群馬県みなかみ町（2012年12月27日）
福島県三島町（2014年11月14日）
（出所：環境省水・大気環境局除染チーム）

染特別地域」一一市町村のうち、除染が二〇一四年十一月までに終了したのは四市町村（田村市、楢葉町、川内村、大熊町）だけである。福島県全体の除染は、公共施設の約八割、農地・牧草地の七割を除くと、住宅が約六割、道路と森林（生活圏）は三割しか進んでいない（表1―6）。

さらに「汚染状況重点調査地域」に指定された八県一〇四市町村（当初）のうち、指定地域を解除されたのは、同時期までに五市町村だけであり、まだ九九市町村が残っている（表1―7）。八県の除染は、学校・保育園などはほぼ完了し、公園・スポーツ施設や住宅、農地・牧草地は約九割、またその他の施設は八割と進んだが、森林（生活圏）の除染は約五割と低い。

▩隠蔽していた放射能汚染水の漏えい・流出と、東京オリンピック開催決定

福島第一原発事故には、旧ソ連チェルノブイリ原発事故と異なる、新たな「放射能汚染水」の処理問題が加わった。

福島第一原発（1～4号機）では、山側から一日約一千トンの地下水が流入し、このうち約四〇〇トンが原子炉とタービン建屋の、また残り約六〇〇トンの一部がトレンチ（地下坑道）などの放射性物質にそれぞれ汚染され、海へ流れ込む事態となった。

放射能汚染水の流出・漏えい問題は、二〇一一年三月の事故後から指摘されていたが、東京電力と政府は黙視。事故から約二年経った二〇一三年四月、東電は地下貯水槽の汚染水一二〇トン（一日あたり）の漏えいをようやく公表し、漏えい・流出疑惑は、配管や電線の通るトレンチや地上タンクから海洋流出へとエスカレートした。

政府は二〇一三年八月七日、一日あたり推定三〇〇トン（ドラム缶一五〇〇本分）の地下水が放射性物質に汚染され、海に流出している事実を公表した。その三週間後、原子力規制委員会が、国際的な原子力事故評価尺度（INES）の評価を従来の「レベル1」から「レベル3」（重大な異常事象）に引き上げた。地上のタンク漏えい汚染水の放射線量（一時間あたり）は、最大一八〇〇ミリシーベルトという高線量だった（原子力規制委員会は二〇一四年十二月十日、風評被害を助長しかねないとして、この「レベル3」の表記を外し、状況説明に変えた）。

政府は二〇一三年九月五日、汚染水の漏えい・流出を止め、高濃度汚染水を処理するための対策に四七〇億円の投入を発表した。そして九月七日（日本時間八日）、南米ブエノスアイレスの国際オリンピック委員会（IOC）総会で、安倍晋三首相が「状況はコントロールされており、東京にダメージは与えない。汚染水は原発港湾内の〇・三平方キロメートルの範囲内に完全にブロックされている」と強弁し、原発事故への不安を否定して、二〇二〇年の東京オリンピック開催決定に一役買った。

▒海へ流出の放射能は通常の百倍、東電は放射能濃度を二年間も過小評価

しかし、被災地の相馬双葉漁協、いわき市漁協をはじめ、沿岸の漁業従事者にとって放射能汚染水は死活問題だ。東電の試算によると、海に流出した放射性物質の濃度は、ストロンチウム90が最大一〇兆ベクレル、セシウム137が同二〇兆ベクレル、合計で最大三〇兆ベクレルである。この濃度は、通常運転時の年間海洋放出基準（年間二二〇〇億ベクレル）の百倍を超す（二〇一三年八月）。また地下水に混入し、海へ流出したトリチウム（三重水素）は、最大四〇兆ベクレルに及ぶ。

さらに東電が、事故直後の二〇一一年五月から二年近くにわたり、原発南側の放水口近くの海で測定し公表

表1-8　福島第一原発の貯蔵タンク等の汚染水内訳（2015年4月23日現在）

（m^3＝トン）

汚染水の所在場所	汚染水の量	タンク貯蔵可能量（貯蔵率）
・1～4号機貯蔵タンク	63万2703	89万0600（71％）
・5～6号機貯蔵タンク	1万4962	1万6300（92％）
貯蔵タンク合計	64万7665	90万6900（71％）
・1～4号機建屋内	6万4400	——
・貯蔵施設（プロセス主建屋と高温焼却炉建屋）	1万9070	——
・廃液供給タンクとSPT（B）タンク	1485	4300（35％）
以上の全合計	**73万2620**	——

（東京電力、経産省の資料を元に筆者が作成）

していた、海水一リットル中の放射性セシウム137の濃度値（一〜一〇ベクレル）が、実際よりは数ベクレル程度低いことが、原子力規制委員会・専門家チームの海の汚染監視に関する初会合（二〇一三年九月）で明らかになった。

■急増する貯蔵タンクなどの汚染水は六五万トンに達する

福島第一原発の汚染水を溜めるタンク（約九六〇基）は、老朽化した組み立て式から溶接式タンクへと交換が進んだ。当初の対象1〜4号機に、いつの間にか5〜6号機も加えられ、全体の汚染水の総量は、貯蔵可能な容量（約九〇万六九〇〇トン）に対し、すでに約六五万トン（七一％）に達している（二〇一五年四月二十三日現在）。

経産省の「廃炉・汚染水対策現地調整会議」は、必要な貯蔵タンクの容量が二〇一七年十月にも一〇〇万トンに達すると予測している。

貯蔵タンクで汚染水量がいちばん多いのは、1〜4号機の約六三万二七〇〇トンであり、目盛りが貯蔵可能量（約八九万トン）のやはり七一％に上がっている。

なかでも、水素爆発を起こした3号機は約三九万八七〇〇トンと、貯蔵可能量（四四万トン）の九一％に汚染水の喫水面が上がっている。

また5〜6号機の汚染水量は約一万五〇〇〇トンと少ないが、貯蔵可能量（約一万六三〇〇トン）の九二％に達している（表1―8）。

■井戸五四本による地下水くみ上げと海への放水

刻々と増え続ける放射能汚染水の対策に、東電が二〇一四年春から講じた対策は、まず井戸を利用した地下水のくみ上げと海への放出だ。

これには、主に二つのやり方があった。一つは、原子炉の建屋から離れた山側の井戸（一二本）で、同建屋に流入する前の地下水をくみ上げタンクに貯留し、水質検査のうえ「地下バイパス」で海へ放出を開始。もう一つは、原子炉とタービン建屋周辺の別の井戸「サブドレン」（四二本）でくみ上げた地下水をタンクに貯留、浄化処理設備で浄化して海への放出に着手した。並行して、原発敷地が海と接する港湾水路前に、幅約〇・六キロにわたり鋼管矢板を打ち込み、海側遮水壁を設置した。こうした取り組みを経産省はＰＲしているが、中立公正な第三者機関が綿密に検査しているわけでなく、汚染水疑惑は解消されていない。

■汚染水対策の決め手「凍土遮水壁」は果たして凍るのか――膨大な電気代

さらに政府と東電が、汚染水対策の決め手として打ち出したのが、原子炉とタービン建屋の山側と海側（約一・五キロ）を「凍土壁」で囲む、世界でも先例をみない大掛かりな「凍土式の遮水壁」の設置だ。これには三二〇億円が投入された。凍結機三〇台の運転、維持管理などには、膨大な電気代がかかる。

すでに海側のタービン建屋外のトレンチ（地下坑道）内には、非常に高濃度の汚染水が約一万一千トンも滞留している。東電は、まず二〇一四年四月末から、この汚染水のくみ上げと増水阻止のため、タービン建屋外のトレンチに凍結管を打ち込み、周囲の水や土を凍らせようと、氷やドライアイス（計一日二八トン）まで投入した。だが、約五カ月経っても凍らず、十月初め、未凍結部分に止水材を詰める工事に切り替えた。効果がない場合、さらに水中で分離しないセメント系材で汚染水ごと埋める計画である。

凍土式による陸側と海側の「遮水壁」の設置は、この前座の凍結管によるトレンチ汚染水の凍結効果が不調のため、成功するか予断を許さない。

「陸側の凍土遮水壁」は、山側の原子炉建屋の外側約一キロに、凍結管一五四五本を地下三〇メートルに打ち込んで凍土壁を作り、山側からの地下水の流入を遮断する計画で、同年六月から着工した。

「海側の凍土遮水壁」（約〇・五キロ）は、タービン建屋の海側に凍土遮水壁をつくり、汚染水の海への流出を遮断する設置を申請中だが、原子力規制委員会の許可が下りていない。

▒汚染水の「多核種除去装置」の除去は、完全な除去ではない

貯蔵タンクに溜め込んだ汚染水は、フランス製の浄化処理設備（高性能の多核種除去装置＝アルプス）で浄化し、海へ放出される。アルプスは、貯蔵タンクの汚染水から六二種類（核種）の放射性物質を除去し（検出限界値未満にまで低減させること）、一日あたり最大で約二千トンの汚染水の処理が可能とされる。この設備は故障や不具合が多く、稼働率と吸着性能の向上が求められている。

東電や政府はアルプスを「多核種除去装置」と喧伝し、アルプスによって放射性物質が「除去」できるかのような錯覚を抱かせるが、実際にはこの「除去」は「検出限界値未満」という意味であって、検出装置の下限値未満の数値を切り捨てているに過ぎず、完全に除去されているわけではない。

ごく微量の放射性物質でも、生物濃縮で「内部被ばく」源に

東電は、アルプスの性能試験の結果、放射性セシウム（134と137）、ストロンチウム90など、比較的半減期の長い四七種類を分析した結果、放射能の濃度が検出限界未満に低減したとする一方、半減期の短い放射性トリチウムの除去はできなかったとしている。

チェルノブイリ原発事故では検出されたが、セシウムやストロンチウムより半減期が非常に長い放射性物質、例えばアメリシウム241（半減期四三三年）のような、プルトニウムから派生した「隠れた放射性物質」については、東電も政府も黙視している。

放射性物質は、たとえ初めはごく微量であっても、食物連鎖の「生物濃縮」によって次第に凝縮され、生物の頂点に立つ私たち人間は、いちばん放射能濃度の高い食物を摂取することになる。体内に取り込んだ放射性物質は、骨や内臓などに沈着して、長期の「内部被ばく」を引き起こし、がんをはじめ様々な病気の原因となる。

廃炉作業で危惧される現場の証拠隠滅

このような汚染水対策と並行して、急速に廃炉作業が進められ、事故原因の究明に必要な証拠隠滅が危惧されている。廃炉作業は、原子炉の建屋最上階のがれき撤去から始め、次に使用済み核燃料の取り出し・共用プールへの移送と除染を行い、さらに核燃料の残がいの取り出しと保管・搬出に移り、原子炉施設などを解体する。全工程を終えるには少なくとも二〇～三〇年かかるとされる。

福島第一原発（1〜4号機）では、まず二〇一三年十一月から4号機の使用済み核燃料の取り出しと共用プールへの移送を始め、翌一四年十一月に一三三一体の移送を完了した。残る新燃料は、翌十二月に同原発6号機の使用済み核燃料プールへ移送した。

この経験をもとに、二〇一五年度から3号機、一七年度以降から2号機、同年度から1号機の使用済み核燃料の取り出しが検討されている。

▩事故原因が未解明のまま進む廃炉作業――国会、政府事故調フォローアップ会議が警鐘

こうした一連の廃炉作業で危惧されるのは、福島第一原発事故の事故原因の究明が、果たして、現場に保存された事故時の原状証拠に基づき、信頼のおける第三者の専門家集団によって実施されるかという疑問である。福島第一原発事故の真相究明調査には、国会、政府および民間（独立）の三事故調査委員会があたった。三事故調は各報告書で、事故の原因究明をはじめ、事故が発生した背景に「安全神話」が存在し、規制組織が事業者の虜《とりこ》になっていたこと、原子力推進機関の経産省資源エネルギー庁の傘下に、規制機関の原子力安全・保安院が置かれ、独立性が欠如していたことなどを指弾し、国会事故調（黒川清委員長）は、事故は自然災害ではなく「人災」、また政府事故調（畑村洋太郎委員長）は「人間の災害」と結論づけている。

国会、政府事故調の報告書の実行状況を追跡するため、国会法付則により設けられた「国会事故調と政府事故調の提言フォローアップ有識者会議」（故北澤宏一座長）は、「福島第一原発の事故原因が解明されていない中で、廃炉作業が進んでいる。今後の事故調査のため、原状および記録の保存などに、国が積極的に関わるべきだ」と糾弾している。

国会事故調は「事故の推移と直接関係する重要な機器・配管類のほとんどが、この先何年も実際に立ち入って、つぶさに調査、検証することのできない原子炉建屋および原子炉格納容器内部あるためである」と言及し、東京電力の対応を次のように指弾した。

「しかし、東電は事故の主因を早々に津波とし、『安全上重要な機器は、地震で損傷を受けたものはほとんど認められない』と中間報告書に明記し、また政府も国際原子力機関（ＩＡＥＡ）に提出した事故報告書に同じ趣旨のことを記した。

直接的原因を、実証なしに津波に狭く限定しようとする背景は不明だが、既設炉への影響を最小化しようという考えが、東電の経営を支配してきたのであって、ここでもまた同じ動機が存在しているようにも見える。

あるいは、東電の中間報告にあるように、『想定外』とすることで、責任を回避するための方便のようにも聞こえるが、当委員会の調査では、地震のリスクと同様に、津波のリスクも東電および規制当局関係者によって、事前に認識されていたことが検証されており、言い訳の余地はない」。

▒事故の主要原因を津波だけに限定できない具体的な六つの理由――国会事故調

事故の主要原因が津波だけに限定できない主な理由として、国会事故調（黒川清委員長）の報告書は、具体的に次のように指摘している。

①原子炉の緊急停止（スクラム）後に、最大の揺れが到達した。

②小規模の小配管破断など小破口冷却材喪失事故（ＬＯＣＡ）の可能性を、原子力安全基盤機構（ＪＮＥＳ）

の解析結果も示唆している。

③1号機の運転員が配管からの冷却材の遅れを気にしていた。

④1号機の主蒸気逃がし安全弁（SR弁）が作動しなかった可能性が否定できず、特に1号機の地震による損傷の可能性は否定できない。

⑤外部送電系の地震に対する多様性と独立性が確保されていなかった。

⑥かねてから指摘のあった東電新福島変電所の耐震性不足などが、外部電源喪失の一因となった。

国会事故調は以上のような理由を挙げ、東電による「安全上重要な機器で地震の損傷を受けたものは、ほとんど認められない」という主張は「確定的には言えない」と疑問を呈すると同時に、「1号機で小規模のLOCAが起きた可能性は否定できない」との結論に達したとし、「残る未解明部分について、引き続き第三者による検証をする」ように求めている。

■再稼働審査は、巨大噴火、四〇万年前以降の活断層も対象に

写真1-1　田中俊一・原子力規制委員会委員長

原子力規制委員会（田中俊一委員長、**写真1―1**）の新規制基準には、新たな対策として（福島第一原発事故のような）過酷事故、火山噴火、竜巻、テロ対策などが加えられた。さらに耐震・対津波対策では、活断層の真上に重要施設の設置を禁じ、耐震構造上、考慮する断層の年代は従来の「一二万〜一三万年前以降」から、必要に応じて「四〇万年前以降」とした。

川内《せんだい》原発の半径一六〇キロ圏内には、過去に巨大噴火した阿蘇、姶良《あいら》などのカルデラが五カ所も存在する。日本には活火山が一一〇もある。活火山は過去一万年以内に噴火した火山や、現在も活発な噴気活動をする火山をいう。短い人間の寿命と違い、数千年に一回噴火する火山もある。火山研究や観測体制は遅れており、長野県と岐阜県にまたがる御嶽山の水蒸気噴火（二〇一四年九月）でさえも予知できなかった。

国内一七カ所の原発に対する火山の危険性について、『毎日新聞』が二〇一三年十二月に全国の火山学者にアンケートした結果、回答者五〇人のうち、川内を挙げた学者が二九人と最も多かった。次が原発三基のある北海道の泊《とまり》が二五人で、伊方（愛媛県）一一人、女川（宮城県）九人と続いた。

活断層については、日本原電の敦賀原発2号機（福井県）の直下を走る破砕帯が、二〇一四年十月に原子力規制委員会から活断層と再度認定されている。

■原発の事故処理費用は天井知らず、すでに約一四兆円／社会福祉圧迫の要因にも

東日本大震災は全国に大損害をもたらした。その復興再生予算は、復興庁によると、二〇一二年度から二〇一四年度までに総額一二兆六八七三億円にのぼる。このうち、福島原発事故の処理費用は、復興庁の原子力災害の復興再生予算だけをみても分からない。

立命館大学の大島堅一教授の計算によると、福島原発事故の処理費用は、国の行政費用（原子力復興再生予算）に、損害賠償、除染、中間貯蔵施設をはじめ、廃炉、汚染水対策などを加えると、二〇一一年度から二〇一三年度までに総額一三兆七五〇億円に及ぶ。この大島教授の試算に、二〇一四年度の当初予算六六〇〇億円を加算すると、総額一三兆七三五〇億円に達している。

これまでの原発事故処理費用の総額は、前述の東日本大震災全体の復興予算額をしのぎ、日本の社会保障関連の年度予算のうち、介護・子ども子育て支援などの福祉予算額にほぼ相当する。

原発事故の処理費用は天井知らずに増え続けており、政府事故調の畑村洋太郎委員長は、総額五〇兆円から八〇兆円に及ぶとみている。その事故処理費用は、最終的に私たち国民に、納税や電気代としてツケが回ってくる。原発は決して安価なエネルギー源などではなく、社会保障予算さえ圧迫する一大要因ともなっているのである。

■一一電力会社が原発二〇基の再稼働を申請、川内原発から再稼働へ、高浜も合格

日本の原発は現在、東京電力の福島第一原発事故で六基が廃炉となった。廃炉作業中の日本原子力発電の東海原発（茨城県）、中部電力の浜岡原発1〜2号機（静岡県）、日本原電の敦賀1号機（福井県）、関西電力の美浜1、2号機（同）、中国電力の島根1号機（島根県）、九州電力の玄海1号機（佐賀県）の廃炉と合わせ、合計一四基が解体される。だが、電源開発が大間（青森県）、東電が東通（青森県）、中国電力が島根3号機を建設中であり、四六基の原発が残存することになる。

新設の原子力規制委員会が、原発の再稼働審査に適用する新規制基準は、二〇一三年七月から施行され、全国の一一会社が、合計一四原発二〇基の再稼働審査（うち一基は建設中の安全審査）を申請した。

再稼働審査は、二〇一四年四月から九州電力の川内《せんだい》原発1〜2号機（鹿児島県）から始まった。現地では八月末までに三〇キロ圏内の九市町村で、住民説明会が二十五回開かれ、避難計画や再稼働について住民の不安が多く聞かれた。また、出水《いずみ》市議会による再稼働反対の陳情書の採択、いちき串木野市の市民団体による

住民の半数を超す再稼働反対署名、姶良《あいら》市議会による再稼働反対の意見書採択があった。

原子力規制委員会は、二〇一四年七月に一カ月間の意見公募(パブリックコメント)で一万七千通の意見を集約し、九月に基準適合審査を終えた。さらに薩摩川内市などの地元説明会で住民の同意を取り付け、二〇一五年の早期にも川内原発が再稼働される見込みだ。

▒福島原発事故以前の状態に戻る日本の原発

民主党の野田政権は二〇一二年九月、全電源に占める原発の割合を約一五%に抑えることを決定したが、その三カ月後に政権に返り咲いた自民党の安倍政権はこれを廃止し、原子力を「重要なベースロード電源」と位置づけ直し、再生可能エネルギー二二~二四%、原子力二〇~二二%を提案している。

さらに、安倍政権が二〇一四年十二月十四日の衆議院選挙で大勝した二日後、電源開発(Jパワー)が建設中の大間原発(青森県)の安全審査申請書を、原子力規制委員会に提出した。建設中の原発の申請は初めてである。

この二日後に、原子力規制委員会は、関西電力の高浜原発3~4号機(福井県)の安全対策が新規制基準を満たしたとして、再稼働の審査書案(合格証)を出した。しかし、高浜原発の場合、隣接する福井県高浜町や京都府舞鶴市など、地元自治体の避難計画の調整や同意取り付けなどに難航が予想される。

▒大間原発は、プルトニウム・ウランの混合核燃料一〇〇%使用の世界初の商業用原発

大間原発の場合、使用済み核燃料から取り出したプルトニウムとウランの混合核燃料(MOX)を再利用

する核燃料サイクル（プルサーマル）が問題になる。

核燃料のウランを輸入に頼る日本は、一九五五年の原子力の開発当初より、このMOXを高速増殖炉と原子炉の両方で利用する計画を立て、実際に一九八〇年代後半から二〇一一年代初めに敦賀（日本原電）、美浜（関電）、玄海（九電）、伊方（四電）、高浜（関電）の五原発でMOX燃料を一部使用する実証試験をした。だが、この核燃料サイクルの中核となる高速増殖炉の原型炉「もんじゅ」（福井県敦賀市）は、一九九五年に冷却材の金属ナトリウムが漏洩する火災事故を引き起こし、運転を停止している。大間原発は稼働の場合、すべての核燃料をMOX燃料で動かす、世界で初めての商業用原発となる。

日本のプルトニウム保有量は、フランスとイギリスへの再処理委託分を合わせて四四・二トンにのぼる（二〇一三年九月現在）。核爆弾を五千発以上つくれる量だから、原発を動かす全核燃料をウランからMOX燃料に替える計画には、プルトニウムを減らし、青森県六ヶ所村の使用済み核燃料再処理、ウラン濃縮、低レベル放射性廃棄物処理の三施設の建設を促進する狙いもある。

電源開発は、二〇二一年度内に大間原発の稼働開始を目指す。日本の現在の原発（軽水炉）は本来ウランを燃やす原子炉であり、MOX燃料は通常のウラン燃料と比べ、核分裂反応を止める「制御棒」の効果が悪く、事故時に毒性の強いプルトニウムを大量に飛散させる危険性が指摘されている。

対岸の函館市（三〇キロ圏）が二〇一四年四月に、国と同社を相手取って建設差し止めを求める訴訟を東京地裁に起こしている。

政府は今後、原子力規制委員会の審査で安全基準を満たした原発を、地元の同意を取り付けながら順次、再稼働させる方針だが、原発の提起する問題は限りがない。

第2章　クリアランス制度による放射性物質の全国拡散処理化

■政府は、福島第一原発事故の放射能汚染から、本当に住民の健康を守っているのか

福島第一原発事故から約九カ月過ぎた二〇一一年十二月十六日、野田佳彦首相（当時）が「原子炉が冷温停止状態になり、事故そのものは収束した」と宣言し、政府はこれまで平常時の一般人の被ばく限度としてきた年間被ばく線量一ミリシーベルト（mSv）の基準値を、突如二〇ミリシーベルトへと引き上げた。これは、国際放射線防護委員会（ICRP）勧告の緊急時被ばく線量二〇～一〇〇ミリシーベルトの下限値を採用したものだ。

同時に、政府は「警戒区域」と「計画的避難区域」の一一市町村を、放射線量に対応し（一）避難指示解除準備区域（二）居住制限区域（三）帰還困難区域の三指定区域に再編する見直しに着手した。

政府が、これらの区域指定の基準値にしたのが、大気中に浮遊する放射性物質の「空間線量」である。チェルノブイリ原発事故では、放射性物質の「空間線量と土壌濃度の両方」を基準に住民の保護対策を講じている。日本各地の土壌（深さ五―二〇cm／一kgあたり）に含まれる放射性セシウム137の量は、福島原発事故後、上

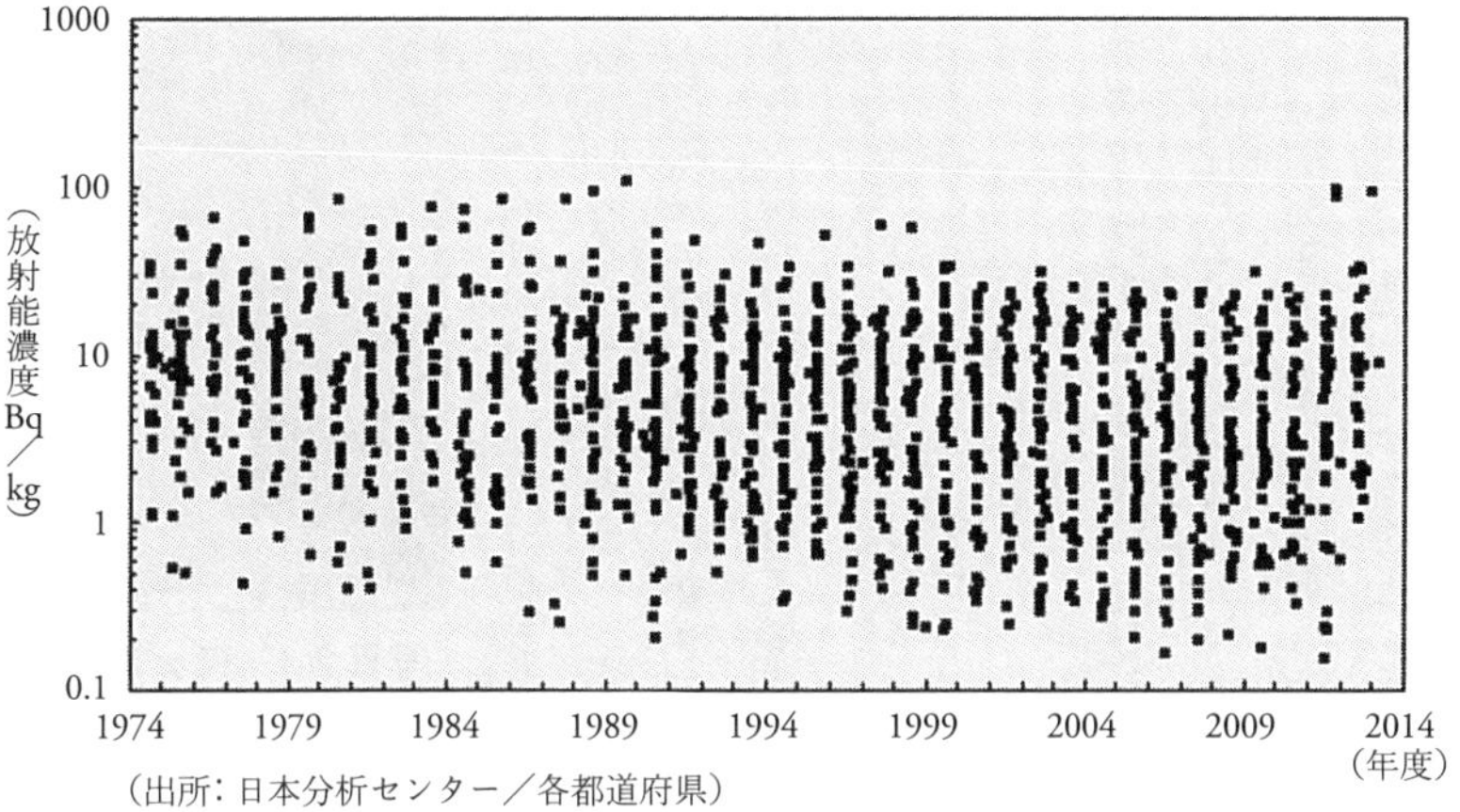

（出所：日本分析センター／各都道府県）

図 2-1　日本各地の土壌（深さ 5-20cm ／ 1kg あたり）に含まれるセシウム（Cs）137 の経年変化

昇している（図2―1）。

被ばく基準の二〇倍引き上げは、「加害者の論理」で基本的人権の侵害／移住権の付与を

こうした政府のやり方に対し、「市民と科学者の内部被曝問題研究会」（ACSIR、澤田昭二理事長＝名古屋大学名誉教授）は、同事故から二年を迎えた二〇一三年三月十一日、東京の日本記者クラブで記者会見し、同研究会の科学者四人が幅広い科学的根拠を示して、政府は本当に住民の健康を守っているのかと告発した。同研究会は、二〇一二年一月に市民と科学者によって設立された組織である。

矢ヶ崎克馬・琉球大学名誉教授（写真2―1）は、「原発事故が起きたからといって、住民の放射線に対する抵抗力が、急に二〇倍も高まるはずがない。政府はもとより何人《なんぴと》も、加害者の論理ではなく、被害を受ける住民の立場に立ち、被ばく線量を論じる必要がある」と疑問を提起し、「住民の基本的人権として、国際的な水準に依拠した住民の保護、特に集団移住の権利を認める法整備を早急に求める」と訴えた。

矢ヶ崎名誉教授は「政府のこれら一連の決定は、ICRPの勧告に従って行われたが、ICRPは市民の健康を守るより、原発推進のための功利主義に徹していることが知られている」と、次のように告発した。

「国民主権の立場からみると、このように被ばくレベルを引き上げることは、極めて野蛮な行為であり、許される行為ではない。『内部被ばく』を避けるための予防措置を一切取らず、年間の被ばく限度を引き上げることは、主権者である国民の命を切り捨てるものだ」。

写真2-1　矢ヶ崎克馬・琉球大学名誉教授

さらに矢ヶ崎氏は「ICRPでさえ、『低線量被ばくでもリスクはある』と言っているのに、政府は『設定された線量以下なら、全く健康被害がない』とか、『(引き上げた)限度値以下なら、ある程度被ばくしても大丈夫だ』と宣言している。このような政治の下では、将来、異常出産、発がんなど、多くの健康被害が生じてくることは、チェルノブイリ原発事故の経験から明らかである」と指弾した。

■チェルノブイリでは年間一ミリシーベルトから住民を保護、五ミリシーベルト以上は居住禁止

被災住民の基本的人権として、矢ヶ崎名誉教授が、移住権の法整備を求めたのは、一九八六年にチェルノブイリ原発事故を被災したウクライナ、ベラルーシ、ロシア三カ国の防護基準(**チェルノブイリ法**)を、日本にも適用し、法制化することにある。

これら三カ国は、年間一ミリシーベルトの被ばく線量からの保護策を実施しており、年間五ミリシーベル

ト以上の汚染地域では、居住も生産活動も禁止し、住民を保護している。

被ばく線量の評価にあたり、チェルノブイリ法では、土壌の汚染から受ける「外部被ばく」と、放射性物質を体内に取り込んで起こる「内部被ばく」の比率を「六対四」に設定している。住民の命を守るために、この原点に返り、チェルノブイリ法に準じた保護策を実施する必要がある。

▒「内部被ばく」を全く評価しない日本政府

同氏は、さらに日本政府は、住民の被ばく線量の評価にあたり「内部被ばく」を全く評価していないと述べ、住民保護の観点から、チェルノブイリ法に準じて、「内部被ばく」を評価することを求めた。

▒食品の放射性セシウム基準値は、原発内の低レベル放射性廃棄物と同じ

続いて、矢ヶ崎名誉教授は「福島第一原発事故以来、日本政府は、人々の命を守るのではなく、電力会社の利益（賠償責任などの軽減）や、いわゆる〝原子力ムラ〟の利益のために、さらに多くの決定を下した」と次のように告発した。

まず、食品に対する法的制限値について、政府は「内部被ばく」から健康を守れる値ではなく、電力会社の意向に沿い、非常に高い値を設定した（表2―1）。

例えば、一般食品の放射性セシウム（134と137の合計値）の新基準値一〇〇ベクレル（一kgあたり）では、健康は守れない。半減期の長いセシウム137は、健康を守るうえで実際に意味のあるドイツ並みの、大人で八ベクレル、子どもで四ベクレルにする必要があると矢ヶ崎氏は警告する。

表2-1　食品の放射性セシウム137基準値の比較（日本とチェルノブイリ被災国）

（単位は、ベクレル／ℓまたはkg）

食品類	日　本	ウクライナ	ベラルーシ
水道水	10	2	10
食品	100（一般）	20（パン）	40（パン）
乳用児食品	50	40	37
牛乳	50	100	100

（作成：筆者）

そもそも原発内では、一〇〇ベクレル（一kgあたり）を上回る放射性廃棄物は、「低レベル放射性廃棄物」として、放射線従事者が黄色いドラム缶に詰め、専用保管所に厳重保管しなければならない廃棄物なのだ。

政府は、次々と放射線の被ばく基準を甘く緩和しながら、さらに核廃棄物の処理基準についても法外な裾切りまで行った。

▒低レベル放射性廃棄物は、「クリアランス制度」で一般ごみ処理化を早める

電灯を放射性物質、光を放射線にたとえると、「ベクレル」（Bq）は、光（放射線）を出す能力（放射能）の強さを表す単位であり、「シーベルト」（Sv）は、人体が受けた放射線の影響の度合い（被ばく線量）を表す単位をいう。

原発内の低レベル基準値以下の放射性廃棄物は、どのように扱われてきたのか。

政府は、いち早く二〇〇五年に「原子炉等規制法」を改正して、放射性セシウムの放射能の強さ、つまり量（濃度）が一kgあたり一〇〇ベクレル以下の物質の廃棄処分や再生利用を可能にする「**クリアランス制度**」を導入した。さらに二〇一〇年には「放射線障害防止法」も改正して、この制度を導入した。

「クリアランス制度」とは、放射性廃棄物について、放射能の濃度が人体に及ぼす影響を無視出来るとするクリアランスレベル（しきい値）を設定し、このレベル以下のものは法制上、放射性廃棄物と見なさず、一般廃棄物または産業廃棄物として

表2-2　放射性廃棄物を一般ごみ化し、リサイクル可能にした「クリアランス制度」の導入経緯

年	クリアランス制度へ向けた主な経緯
1984年	内閣府・原子力委員会が、放射性廃棄物と、放射性廃棄物として扱う必要のない物を区分する「一般区分値」を初めて提示。
1987年	文科省・放射線審議会が、「規制除外線量（年間10マイクロシーベルト）」を提示、放射性廃棄物の一般社会における再利用にも適用が可能と提言。
1997年	経産省・総合資源エネルギー調査会が、商業用原発施設の廃止による放射性廃棄物の処理・処分方策として、クリアランスレベルの早急な整備を指摘。
1999年	経産省・原子力安全委員会が、主要原発の「放射性物質として扱う必要のない物」を区分するレベルを「クリアランスレベル」と定義。
2000年	原子力委員会が、クリアランスレベル以下の廃棄物は、放射性物質ではなく、一般の物品と安全上、同じ扱いにし、リサイクルする方針を打ち出す。
2005年	「原子炉等規制法」を改正して「クリアランス制度」を導入。放射性セシウム濃度が100ベクレル（1kgあたり）以下の物質の廃棄処分や再生利用を可能にする。
2010年	「放射線障害防止法」も改正し、「クリアランス制度」を導入。
2011年	東日本大震災および東京電力・福島第一原発の過酷事故が突発。
2011年	「放射性物質汚染対処特措法」を制定し、「クリアランス制度」を転用。従来の100ベクレル以下の基準値を80倍も高い8000ベクレル以下にまで引き上げ、さらに8000～10万ベクレル以下の廃棄物を、一般廃棄物や産業廃棄物として最終処分可能に。

（作成：筆者）

処理できる制度である。

同制度導入の本来の目的は、「絶対安全神話」の下に政府が推進してきた原子力政策で、次第に老朽化する原発などの廃炉、解体から発生する膨大な放射性廃棄物の処分に対応することにあった。

ところが、この政府の目ろみは、皮肉にも二〇一一年三月十一日に起きた東日本大震災に伴う福島第一原発の過酷事故によって、放射性廃棄物の一般廃棄物（ごみ）化処理を早める結果を招いたのである（表2―2）。

■一般廃棄物化の基準値は、特措法で八〇倍以上も甘く緩和

大震災と原発事故で発生した瓦礫《がれき》問題について、生井兵治・元筑波大学教授（農学博士）は、前述の日本記者クラブにおける記者会見で、「法律の規定にないにも拘わらず、政府は放射性廃棄物の処理の基準をどんどん裾きりして、現在は一〇万ベクレル以

上でも、管理保管型処分場に置かせている。このままでは、日本中が放射性防護服を着用しないといけない状態になる」と警鐘を鳴らした。

生井博士によると、想定外の原発事故による放射性廃棄物の大量発生に慌てた政府（環境省）は、事故から三カ月後の同年六月に、「福島県内の災害廃棄物の処理」および「一般廃棄物焼却施設における焼却灰の当面の取扱い」方針を示し、翌七月に「産業廃棄物への放射性物質混入可能性の先行調査」をした。

そして、放射性セシウムの放射能濃度（セシウム134と137の合計値、以下同じ）が一kgあたり八〇〇〇ベクレルを超える焼却灰などを、処分の安全性が確認されるまで、一時保管する方針を打ち出した。

この一時保管場所には、発生市町村ごとの小型仮設焼却炉や産業廃棄物の最終処分場、一般廃棄物の最終処分場（管理型最終処分場）があてられた。また八〇〇〇ベクレル以下の焼却灰は、一般廃棄物最終処分場に埋め立て処分された。

こうした一連の措置を講じたあと、政府は同年八月、「放射性物質汚染対処特措法」（以下、**特措法**）を制定した。

混乱のさなか、政府は同時に「クリアランス制度」も特措法に転用し、従来の一〇〇ベクレル以下の基準値を一挙に八〇倍も高い八〇〇〇ベクレル以下にまで引き上げ、さらに八〇〇〇～一〇万ベクレル以下の廃棄物を、一般廃棄物や産業廃棄物として最終処分できるように法制化してしまったのである。

■放射性廃棄物は全国で一般ごみ拡散処理へ

この最終処分では、放射性廃棄物の焼却灰を固形化し、遮水シートを敷いた地下に埋設する。その場合、

表2-3　「放射性物質汚染対処特措法」による通常廃棄物と指定廃棄物などの新区分

廃棄物の区分	放射能濃度（1kgあたり）など	処理担当	最終処分場
通常の廃棄物	8000ベクレル以下	自治体や事業者など	管理型構造
指定廃棄物	（1）8000ベクレル以上〜10万ベクレル以下	国	管理型で、最終処分場を設置の場合は遮断型構造
	（2）10万ベクレル以上	国	遮断型構造で公共水域、地下水を遮断（福島県は中間貯蔵施設）
対策地域内廃棄物（特定廃棄物または指定廃棄物）	福島県内の警戒区域（原発半径20km圏内）	国	
	計画的避難区域（年間20ミリシーベルト以上）	国	

（環境省の「指定廃棄物」から筆者が作成）

焼却灰固化物の収納は①隔離層②容器（コンクリートなど）③屋根付きの三タイプのうち、いずれか一つの選択が可能だ。

このように政府は特措法で、通常の廃棄物として処理できる放射性廃棄物の放射能濃度の基準区分を、八〇〇〇ベクレル以下にまで大幅に拡大したうえ、別に（一）八〇〇〇〜一〇万ベクレルと（二）一〇万ベクレル以上（いずれも一kgあたり）の放射性廃棄物を、新たに「指定廃棄物」と規定して、二〇一二年一月から特措法を全面施行した。

福島県内の警戒区域および計画的避難区域（汚染廃棄物対策地域内）の廃棄物にも、「対策地域内廃棄物」として特措法が適用された。これらの放射性廃棄物の処理は、八〇〇〇ベクレル以下を自治体や廃棄物処理事業者などが担当し、「指定廃棄物」と「対策地域内廃棄物」は国が行うと特措法は定めている（**表2―3**）。

一連の拡大基準値は当初、福島県内に限定のはずだったが、政府は十分な説明も、その根拠の明示もしないまま、さらに全国的な広域処理にまで転用、拡大した。こうして、汚染地域にある放射性廃棄物も、全国の非汚染地域にまで拡散処理されることが合法化されたのである。

■全国知事会は「クリアランス制度」と特措法の矛盾に抗議

全国知事会は、特措法施行の二〇一二年一月に、「現行法では、原発内で発生するクリアランスレベル（放射性セシウム一kgあたり一〇〇ベクレル）以上の廃棄物は、放射性廃棄物として厳格な管理が義務づけられている。その一方、東日本大震災の災害廃棄物は、特措法で八〇〇〇ベクレル以下の埋め立て処分を認めた。こうした放射性廃棄物の取り扱いでは、住民の理解を得るのは困難であり、異なる基準値が存在する整合性のある理由と、その安全性の根拠を、丁寧かつ明確に説明する必要がある」と、政府に抗議した。

札幌市の上田文雄市長も、同年三月の同市ウェブサイトで、震災以後に廃棄物の放射性セシウム濃度（一kgあたり）の安全基準値が八〇倍も引き上げられたことについて、「この数値は果たして安全性の確証が得られるのかというのが、多くの市民が抱く素朴な疑問である」と釘を刺した。

所轄の環境省は、「八〇〇〇ベクレル以下の廃棄物を、追加的な措置なく（最終処分の）管理型処分場で埋め立てを実施することは、既存の国際的な方法論と完全に整合性がとれている」という国際原子力機関（IAEA）の評価を引用して正当化し、二〇一四年初めから最終処分場と中間処理施設の本体建設工事に着手して、処分場は同年末、処理施設は翌一五年三月をめどに完成させる工程表を掲げたが、遅滞している（図2―2）。

■放射能濃度の高い「指定廃棄物」は、一二都県で約一六万トンに

だが、チェルノブイリ原発事故以降、深刻化している放射能汚染の様々な被害実態と酷似した轍《わだち》をたどり

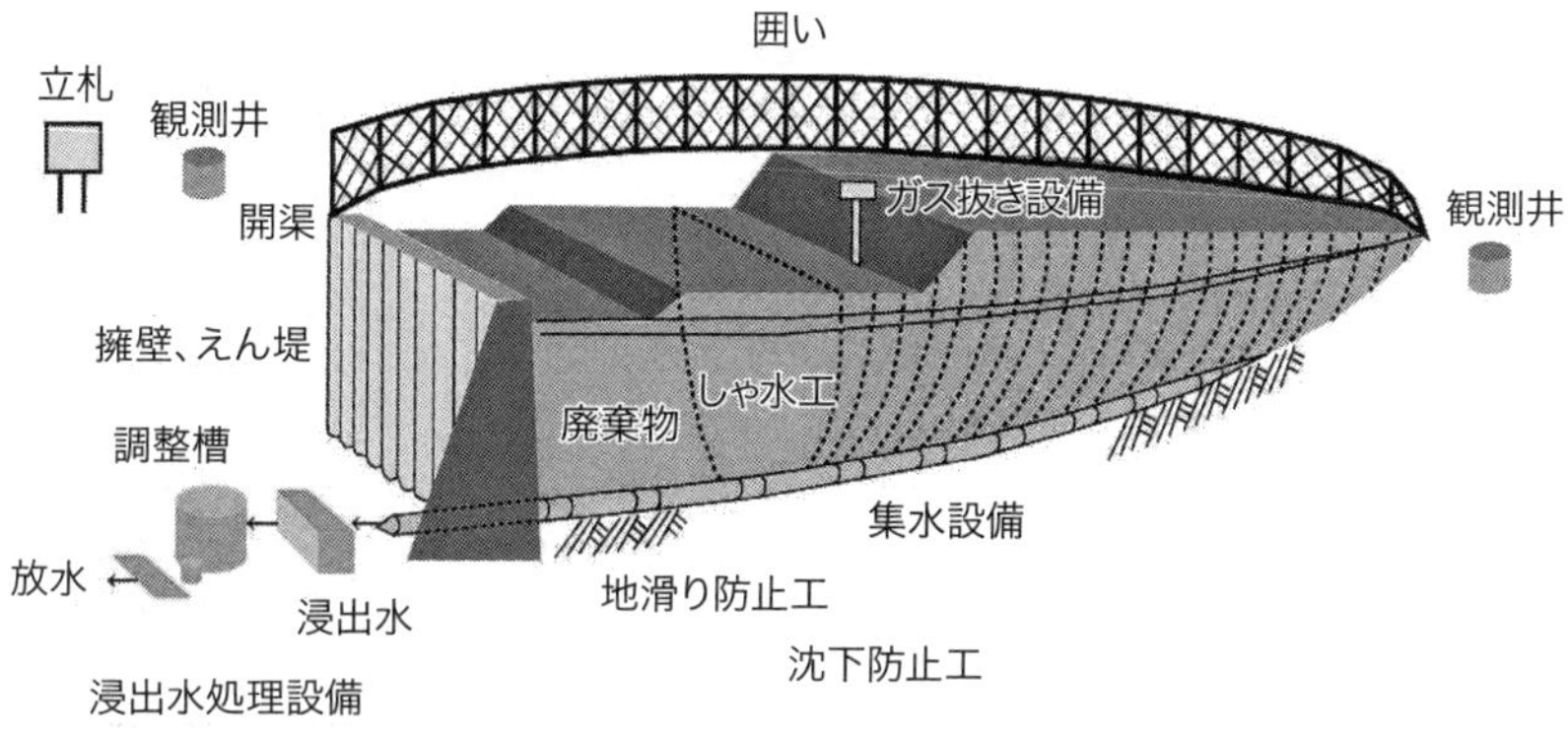

指定廃棄物の最終処分場（管理型構造）のイメージ図（1）
（出所：環境省水・大気局）

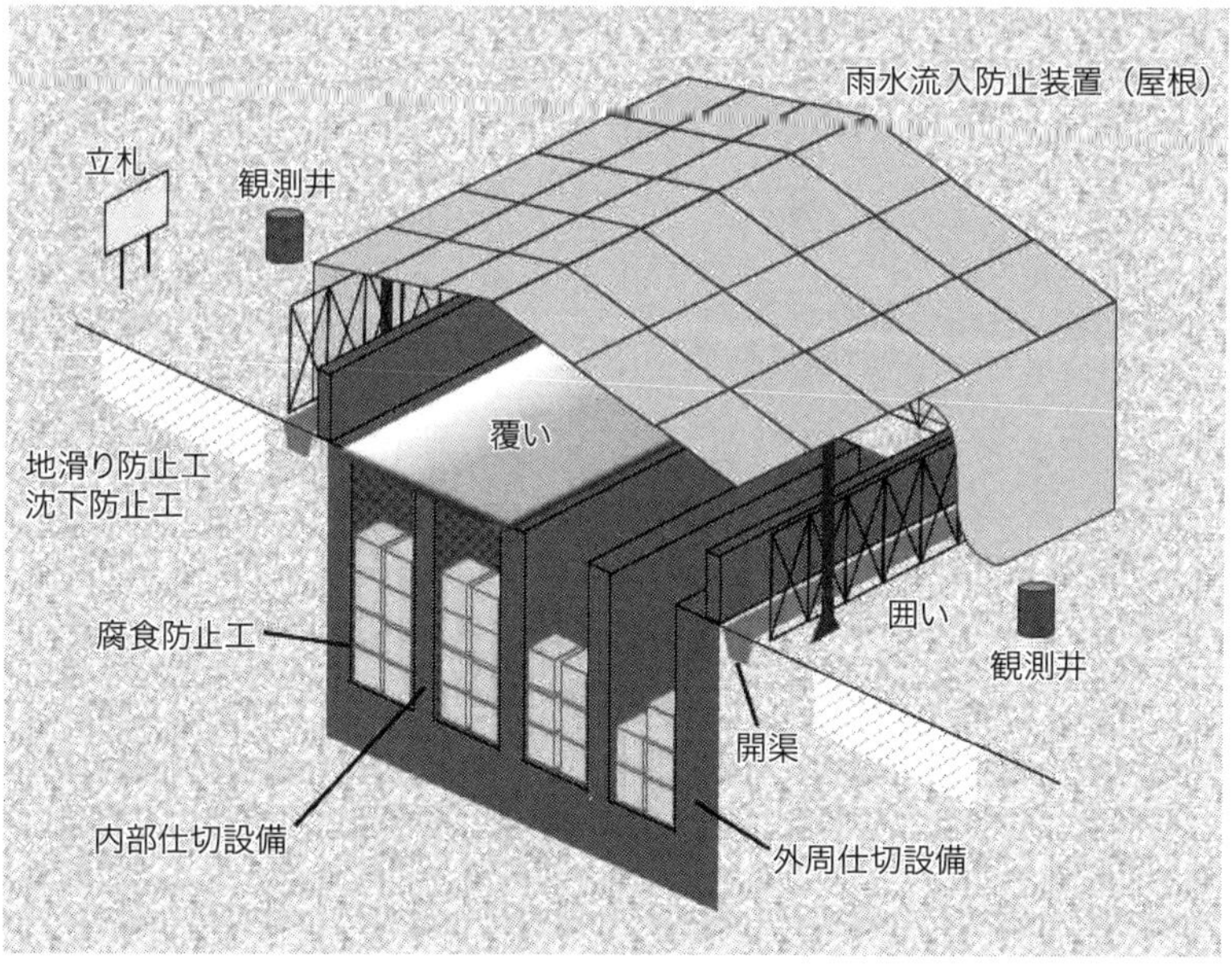

指定廃棄物の最終処分場（遮断型構造）のイメージ図（2）
（出所：環境省水・大気局）

図 2-2　指定廃棄物の最終処分場（管理型、遮断型）

始めた、福島第一原発事故の被災者と多くの国民が政府に対して抱く不信感は、依然として根強い。

「指定廃棄物」は、浄水発生土、下水や農業排水汚泥、農林業系副産物（稲わら、牛ふん等）、一般廃棄物の焼却灰などをいう。環境省によると、市町村が「指定廃棄物」として指定した廃棄物の総量は、一二都県で合計約一五万七四二〇トン（二〇一四年十二月末現在）。一二都県は、岩手、宮城、山形、福島、茨城、栃木、群馬、千葉、東京、神奈川、新潟、静岡である。これらの都県は、一部は部分的であるにせよ、八〇〇〇ベクレルを超す放射性セシウムに汚染されていることを意味する。

「指定廃棄物」の処理は、特措法に基づく基本方針で、指定廃棄物が排出された都道府県内にある既存の廃棄物処理施設の活用を最優先することとしている。しかし「指定廃棄物」が多量に発生し、保管がひっ迫する都道府県では必要な「最終処分場」（管理型と遮断型）などを、また福島県では一〇万ベクレル以上の「指定廃棄物」は「中間貯蔵施設」を確保しなければならない。

■「最終処分場」の建設賛成は、五県（市町村）の約四割

「最終処分場」について、環境省は宮城、茨城、栃木、群馬、千葉の五県に、国の責任で各県に一カ所ずつ処分場を建設することを決定した。

処分場の候補地に挙がる自治体では「福島県内で集約処分すべきだ」との意見が強いが、福島県は受け入れを拒否している。これら五県の全一九四市町村のうち、最終処分場の建設に「賛成」は四三％（八三市町村）にとどまり、「反対」は一九％（三七市町村）で、あとの三八％（七四市町村）は賛否を示さず、関係自治体の間で十分な理解が得られていない（二〇一三年六月二日付『読売新聞』）。

「最終処分場」の候補地として、栃木県は矢板市が地元の反対で不成立に終わり、環境省が塩谷町を選んだが、一七万人が反対署名し白紙撤回を求めている。茨城県は高萩市を提示したが、地元の反対が強い。宮城県の村井嘉浩知事は二〇一四年八月、候補地（三市町）の地質や地盤などの詳細調査を、県として初めて受け入れる方針を表明したが、加美町が反対している。

それでなくても、環境省によると、国に未申請の「指定廃棄物」が少なくとも五道県（岩手、宮城、埼玉、茨城、北海道）に、三六四八トンもある（二〇一四年十一月末現在）。

▒年間四億トン以上の一般廃棄物（ごみ）と産業廃棄物があふれかえる日本

放射性「指定廃棄物」の最終処分場の建設が難航している背景には、日本の深刻な一般および産業廃棄物の処理問題も関わっている。

日本の従来の廃棄物は、（一）一般廃棄物（ごみとし尿）（二）産業廃棄物の二種類に分類され、両方合わせると、年間四億トンを超す。

一般廃棄物（ごみ）の排出量は、二〇一〇年度の場合、四五三六万トンだったが、東日本大震災と福島原発事故の起きた二〇一一年度には、四九七四万トンに急増した。大震災の災害廃棄物である瓦礫《がれき》が、新たに四三八万トン加わったからだ。

一日一人あたりのごみ排出量も、二〇一一年度の場合、正味〇・九七五kgに、災害廃棄物分を加え、一・〇六九kgに増えた。

環境省廃棄物対策課によると、二〇一一年度の実数を前年度と比較すると、全国の一般廃棄物（ごみ）焼却施設数（一二二一施設）が〇・八％、最終処分量（四八二万トン）が〇・四％、総資源化率（九三〇万トン）が一・六％、それぞれ前年度より減少した。

■一般ごみと産廃の最終処分場は、今後一四〜一九年で満杯

一般廃棄物（ごみ）の最終処分場が満杯になる残余年数（二〇一一年度）は一九・四年であり、最終処分場の確保は引き続き厳しい状況下にある。関東圏、中部圏などは、最終処分場が十分に確保できず、域外に移動し、最終処分が広域化している状態だ。

一方、産業廃棄物の全国の排出量は、二〇一一年度分は未公表で、前年度との比較はできない。産業廃棄物は、二〇一〇年度の場合、一般廃棄物（ごみ）の八・五倍の三億八五九九万トンも排出されている。

産業廃棄物の全国の処理施設（二〇一一年度）は、中間処理施設が一万九一四七施設（うち焼却施設三六六二）、また最終処分場が二〇四七施設ある。

これらのうち、放射性セシウムの放射能濃度が高い「指定廃棄物」の県内処理をする必要のある五県（宮城、茨城、栃木、群馬、千葉）には、五県の合計で中間処理施設が一八三一施設（うち焼却施設四六九）、また最終処分場が一九〇施設ある。

全国の排出された産業廃棄物のうち、五三・〇％が再生利用、四三・三％が減量化、三・七％が最終処分されている。全国の最終処分場が満杯になる残余年数は一三・六年だが、首都圏は四・〇年と短く、近畿圏は一四・〇年となっている。

このように一般廃棄物（ごみ）と産業廃棄物の処分状況が難航する中、原発事故により新たに放射性廃棄

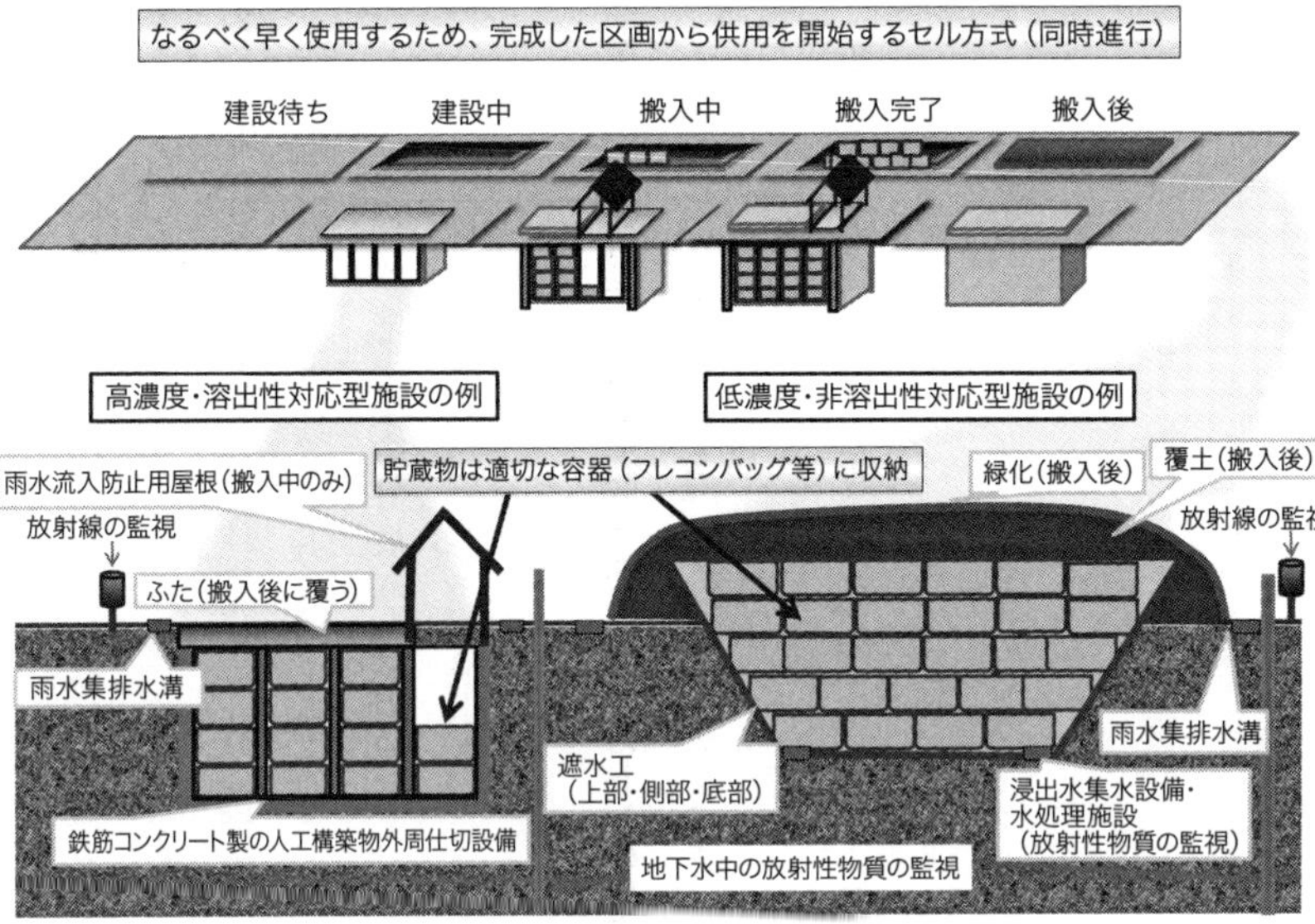

（出所：環境省水・大気局）

図 2-3　中間貯蔵施設のイメージ図

物の処理問題が加わったのである。

■福島県の放射性「指定廃棄物」の「中間貯蔵施設」は二町に建設へ／「中間貯蔵施設」の容量は、東京ドームの一二〜一三倍

一方、国の責任で福島県内に建設する「中間貯蔵施設」は、同県内の除染などで発生し、仮置場などに保管中の一kgあたり一〇万ベクレルを超す高濃度の放射性物質を含む、土壌、草木、側溝の泥や指定廃棄物（可燃物は原則として焼却灰）などを最長三〇年間、集中的に管理・保管する施設である（**図2―3**）。

環境省は、二〇一五年一月をめどに中間貯蔵作業を本格的に開始し、その後三〇年以内に「福島県外」の「最終処分場」に移す工程表を掲げている。この県外最終処分の行方は、予断を許さない。

「中間貯蔵施設」の全体の容量は、東京ドームの約一二〜一三倍（約一五〇〇万〜一八〇〇万立方メートル）で、敷地面積は約三km²～五km²に及ぶと推計される。

「中間貯蔵施設」は、福島第一原発の位置する同県双葉郡の双葉町、大熊町および楢葉町の三町に分散設置する方向で調整が進められた。だが、楢葉町が「避難指示解除準備区域」で高濃度汚染物質の受け入れを拒否したため、環境省は二〇一四年二月、楢葉町を外し、双葉、大熊両町に建設することにした。

環境省によると、福島県内の五～六地点で土壌中の放射性セシウムを調べた結果、放射性セシウム濃度（一kgあたり）は、農地土壌中で最大一六万四二八七ベクレル（二〇一二年十二月に採取）、宅地土壌中で最大一万一六一四ベクレル（同年四月に採取）が検出されている。

■原発一基の廃炉・解体で四九万～五三万トンの廃棄物が出る

原発など原子力施設を廃炉・解体撤去すると、一基ごとにクリアランスレベル以下の廃棄物が大量に発生する。

電気事業連合会によると、この廃棄物の発生量は、出力一一〇万キロワット級の原子炉の場合、沸騰水型炉（ＢＷＲ）で五三万トン、加圧水型炉（ＰＷＲ）で四九万トンに及ぶ。ＢＷＲの場合、コンクリートが五〇万トン、金属が三万トン、ＰＷＲの場合はコンクリート四五万トン、金属四万トンで、それぞれ大部分をコンクリートが占める。

電事連は、軽水炉の場合、放射性廃棄物として処理・処分する量は、一万～二万トン前後であり、廃棄物の約九七％がクリアランスレベル以下としている。だが、実際にそうなのかは、第三者機関の検証が必要だ。

ドイツ、イギリス、スウェーデンなどでは、クリアランスレベルが制度化され、実際に埋設処分や再利用に適用されている。例えば、ドイツのビュルガッセン原発や英カーベンハーストのウラン濃縮工場は解体後、金属スクラップやコンクリートに、またスウェーデンでは金属スクラップの溶融処理をしている。

▒商用原発第一号の日本原電・東海原発は廃炉工事に着手

日本原子力発電が現在、日本の商業用原発で初の廃炉工事に取り組む、東海発電所の原発（出力一六・六万キロワット）は、クリアランスレベル以下の廃棄物が一七万四一〇〇トン発生する。

東海原発は、日本の高度経済成長時代の一九六六年七月に第一号の商業用原発として、営業運転を開始した。原子炉は、イギリス製のコールダーホール型（天然ウラン・二酸化炭素の冷却型）で、約三二年の運転後、一九九八年三月に営業運転を停止した。

▒最終処分場や中間貯蔵施設の周辺住民は、果たして安全なのか

政府は、二〇一五年をめどに東日本大震災のがれき（廃棄物）を処理する目標を掲げ、被災地で八〇%、残りの二〇%を広域処理する計画だ。

環境省は、広域処理の可燃性廃棄物の場合、放射性セシウム濃度は二四〇〜四八〇ベクレル以下（一kgあたり）の基準を目安とする。この放射能濃度の廃棄物を焼却すると、凝縮されて濃度が濃くなる。それでも、埋め立て作業員の新たな被ばく線量は、作業員の目安の年間一ミリシーベルト以下であり、埋め立て処分後に周辺住民が受ける追加的な被ばく線量は、年間〇・〇一ミリシーベルト（一〇マイクロシーベルト）を下回る、と同省は試算している。

環境省によると、一〇万ベクレル以下の放射性廃棄物を埋め立て処分した場合でも、処分跡地から周辺住民が受ける追加被ばく線量が、年間〇・〇一ミリシーベルトを下回るという。

また、一〇万ベクレル以下の廃棄物を一般廃棄物最終処分場（管理型最終処分場）で埋め立て処分する場合、操業中は、居住地域などの敷地境界から適切な距離をとれば、周辺住民の被ばく線量は年間一ミリシーベルト以下と試算している。

さらに、放射性セシウム濃度が八〇〇〇ベクレル以下の廃棄物を埋め立て処分する場合も、作業員の被ばく線量は、年間一ミリシーベルトを下回るとしている。

つまり、広域処理により、周辺住民の被ばく線量は年間〇・〇一ミリシーベルトだけ増える、というのが環境省の基準シナリオなのである。

こうした試算が科学的に妥当なのか、最終処分場や中間貯蔵施設の完成後も、原子力規制委員会をはじめ、独立した公正な第三者機関による放射線量や放射能濃度の長期的かつ継続的なモニタリングと監視が欠かせない。

▒安全神話のもと、原発推進派が総ぐるみで周到に準備した「クリアランス制度」

日本のクリアランス制度は、安全神話で固められた原発推進政策の背後で、増加する放射性廃棄物の処理・処分対策として、段階的かつ用意周到に準備が進められてきた。

まず内閣府の原子力委員会が、一九八四年八月に、放射性廃棄物の処理・処分方策に関する中間報告で、「放射性廃棄物」と「放射性廃棄物として扱う必要のないもの」とを区分する「一般区分値」の概念を、初めて提示した。

続いて、文部科学省の放射線審議会が、一九八七年十二月、放射性固体廃棄物の浅地中処分における規制除外線量（年間一〇マイクロシーベルト）を示し、廃棄物を一般社会で再利用する場合にも同様の考え方が適用できる旨を提言した。

これを受け、経済産業省の総合エネルギー調査会（当時）が、一九九七年一月に「商業用原発施設の廃止措置」に向けた、放射性廃棄物の合理的な処理・処分方策の課題として、クリアランスレベルに係る制度の早急な整備を指摘した。

▩クリアランスレベルは経産省の原子力安全委が定義、原子力委が一般物品と同じ扱いに

そして、経産省の原子力安全委員会が、一九九九年三月、主要原発の「放射性物質として扱う必要がない物」を区分するレベルを「クリアランスレベル」と定義した。

さらに、原子力委員会が二〇〇〇年十一月「原子力の研究・開発及び利用に関する長期計画」で、放射能濃度がクリアランスレベル以下の廃棄物は、放射性物質ではなく、一般の物品と安全上、同じ扱いにし、基本的にリサイクルする方針が打ち出されたのである。

第3章　福島第一原発事故の健康と食品への影響

■心身の健康を享受する権利を／病気の発症に放射線の下限値はない、国連人権理事会

これまでみてきたように、福島第一原発事故の放射線から住民の健康を守るための政府の一連の政策は、放射線防護基準にしても、疫学的にも非常に甘くずさんだった。

「国連人権理事会」は、事故の翌二〇一二年十一月後半に、特別報告官アナンド・グローバー氏を日本に派遣し、人権面から日本政府の事故対応政策の進捗状況を調査した。

グローバー特別報告官は、同月二十六日に東京で声明を発表し、（一）日本政府が避難区域の指定に使用した年間二〇ミリシーベルト（mSv）の基準値は、原発の作業従事者の被ばく限度であり（二）チェルノブイリ原発事故の際、強制移住の基準値は、土壌汚染レベルとは別に、年間五ミリシーベルト以上だった（三）多くの疫学研究において、年間一〇〇ミリシーベルトを下回る低線量放射線でも、がんその他の疾患が発生する可能性があり、疾患の発症に下限となる放射線基準値はない――と指摘した。

その上で、グローバー特別報告官は、日本政府に対し「心身の健康を享受する権利に照らし、福島県民お

よび災害発生時に同県を訪れていた人々に限られている健康管理調査を、放射能汚染地域全体で実施する」ことを要請した。

▒日本政府は、健康影響の過小評価など四つの誤りを正せ――内部被曝研究会が告発

福島原発事故の日本政府の取り組みを批判し、告発を続ける「市民と科学者の内部被曝問題研究会（ACSIR）」（澤田昭二理事長＝名古屋大学名誉教授）の科学者たちは、二〇一四年五月中旬、東京の日本記者クラブで記者会見し、「日本政府は**大きな四つの誤り**に基づいた『汚染地帯』への帰還施策をやめ、最新の科学的知見に基づいた対策を実行し、住民の健康を守る」よう政府に対し、次のように強く要請した。

日本政府が犯している**四つの誤りの第一点**は、放射線被ばくで病気になるリスクを一桁近く、小さく見積もる「**放射線被ばくの健康影響の過小評価**」である。

日本政府、世界保健機関（WHO）、原子放射線の影響に関する国連科学委員会（UNSCEAR）は、広島・長崎の原爆被爆者の追跡調査結果（原爆データ）をもとに、福島原発事故による住民の被ばく線量はがんを増やすレベルに達していないので、将来にわたりがん増加の心配は必要ないとしている。

ところが、この被ばく線量は、CTなどの医療被ばくや、チェルノブイリ事故処理作業員の被ばくと原爆データとを比較し、原爆データによる被ばく影響の過小評価と放射性降下物の内部被ばく除外の二重の過小評価を加えると、一桁近く低く見積もられている。

■公表被ばく線量は、内部被ばくを除外した四割引きの過小評価

第二点の誤りは、被災区域の放射線被ばく量を極めて小さく見積もる「**放射線被ばく量の過小評価**」だ。チェルノブイリ原発事故では、外部被ばくの一ミリシーベルト（mSv）に、内部被ばくも必ず〇・六七ミリシーベルトを伴っているという前提の下に、合計一・六七ミリシーベルト被ばくしているとして住民の被ばく線量を計算し、年間被ばく線量の総量（安全基準値）が一ミリシーベルト以下になるよう対策を講じていた。

ところが、日本政府は、内部被ばくをゼロとして住民の被ばく量を計算している。だから、「公表被ばく線量」は実際の被ばく量の四割引きであり、政府の言う「一ミリシーベルトの被ばく」とは、実際は「一・六七ミリシーベルト」なのである。

政府はまた、福島第一原発事故の周辺の空間線量が実際より低く計測されるように、モニタリングポストの測定機器の変更と周囲からの放射線遮蔽を行い、「公表空間線量」は実際値の半分となっている。政府発表値を二倍にしないと、実際の空間線量は得られない。

政府はさらに、空間線量が年間二〇〇ミリシーベルト被ばくする地域の住民に個人線量計を携帯させて被ばく線量を計測した結果、年間被ばく線量が一〜二ミリシーベルト程度になったとのデータを示して、空間線量の高い地域への帰還を促進する意向を示している。

ところが、個人線量計では、放射線の中でも線量計を付けた体の表面の一点だけを通り抜けるガンマ線だけしか測定できない。内部被ばくを引き起こすアルファ線とベータ線は測れないので、被ばく量は過小評価されている。

▒子どもの甲状腺がんは原発事故と無関係と、「放射線被ばく害の非科学的な否定」

第三点の誤りは、子どもの甲状腺がんを被ばくと関係ないとする「**放射線被ばく害の非科学的な否定**」である。

日本政府は、小児甲状腺がんが原発事故と関係がないとして、①チェルノブイリ原発事故と比べ、福島原発事故の甲状腺被ばく線量ははるかに少ない②チェルノブイリでは、事故の四年目までは甲状腺がんが増えなかった③福島以前に行った日本の高校生と大学生の甲状腺検診で、約三千人に一人の割合で甲状腺がんが発見されていた、という理由を挙げている。

だが、①については、福島原発事故直後の放射性ヨード被ばくの全容が不明なため、甲状腺被ばく量が少ないと断定は出来ない。②については、超音波による甲状腺検査が始まったのは、チェルノブイリでは事故の四年後以降からであり、四年目までは甲状腺が増えていなかったのではなく、増えているかどうか調べていなかったのである。チェルノブイリの発生頻度のグラフでは、事故の翌年から甲状腺がんが増え始めている。③については、上述の高校と大学二校（十八〜二十二歳）の検診は、超音波検査ではなく触診で行われ、発見方法に違いがあり、福島原発事故後の検診（平均一六・九歳）では二千人に一人であり、年齢が進むと甲状腺がんが増える一般的傾向から見ると、若干の矛盾がある。

第四点の誤りは、がんだけでなく、様々な病気が増えるおそれのあることを排除する「**チェルノブイリの教訓の無視**」である。

チェルノブイリでは事故後、外部被ばくだけでなく、土壌、水、食品の放射能汚染による内部被ばくにより、原発周辺の子どもと大人とも様々な病気が増加した。福島では、事故後に十倍以上の空間線量となった地域では、がんだけでなく、心臓病、脳卒中、呼吸器疾患などの様々な病気が増えるおそれがある。

■福島県民健康調査の問診票・回答者はわずか四分の一

福島県では、「県民健康調査」(旧名は県民健康管理調査)が二〇一一年から実施された。この調査は、原発事故時(二〇一一年三月十一日)の県内全居住者に対し、まず自己記述式の問診票回答と、それに基づく被ばく線量の推計評価(基本調査)を行い、次に甲状腺の検査と健康診査(詳細調査)を実施するという二段階を踏んだ。

基本調査の実施状況によると、二〇一四年十月末現在、問診票による調査は、全県の対象者約二〇五万五四〇〇人のうち、約五五万三四〇〇人から回答があったが、回答率は二六・九%と非常に低い。先行調査地区の回答率は、地域による偏りがあった。

放射線の実効線量の推計人数は、問診票の回答者よりさらに少ない累計約三九万四〇〇〇人であり、このうち放射線業務に従事する経験者を除く、三八万六六〇〇人の推計作業から、被ばく線量の推計値を得た。

■初回の甲状腺がんは、放射線の影響ではなく、通常のがんと判定した検討委

福島県は、二〇一二年五月に「県民健康調査」検討委員会(座長＝山下俊一・福島県立医科大副学長)を設置し、健康調査の評価にあたらせた。

第一〇回検討委員会は二〇一三年二月、事故時に県内に居住していた十八歳までの県民を対象とする甲状腺検査の結果、三人を甲状腺がんと診断し、七人に悪性または悪性の疑いがあると発表した。

これは、二〇一一年度の甲状腺検査の対象者約三万八〇〇〇人のうち、七六人に超音波診断の後、細胞診

を実施した結果、一〇人が悪性または悪性の疑いがあり、このうち三人の甲状腺がんが確定したものだ。一〇人の平均年齢は十五歳で、男性三人、女性七人だ。

この一〇人の発症原因が、福島原発事故に起因するものなのか、同検討委員会で疑問が提起された。しかし、この疑問や「内部被ばく」問題について踏み込んだ討議はせず、甲状腺の検査結果については（一）一〇〇ミリシーベルト以下での健康影響は確認されていないため、放射線による健康影響があるとは考えにくい（二）甲状腺がんの三人は、通常の甲状腺がんである（三）先行調査で元々あった甲状腺がんを発見した可能性が高い、という結論が導きだされた。

甲状腺は、ヨウ素（ヨード）を材料に甲状腺ホルモンをつくる臓器で、頸部のノドボトケの下にある。このホルモンはからだの各組織の新陳代謝を促進し、子どもの場合少ないと心身の発達や成長に著しい異常が現れ、放射線は悪性腫よう（がん）をはじめ、良性腫よう、橋本病、甲状腺炎を引き起こす。甲状腺がんは乳頭がんとも言う。

同検討委員会のメンバーは、合計二六人（委員一一人、オブザーバー八人、県事務局七人）で構成されていた。

第一〇回検討委員会の議事録から、メンバーが発言したさわりの部分を簡潔に再現すると、検討委員会が結論を用意し、シナリオ通りに進められるような会議であることが分かる。

大津留晶オブザーバー（福島県立医科大医学部教授）

「基本調査における実効線量の推計結果の評価は、これまでの疫学調査により、一〇〇ミリシーベルト以下での明らかな健康への影響は確認されていないことから、今回の積算実効線量の推計値は、放射線による健康影響があるとは考えにくい」

井坂晶委員（福島県双葉郡医師会長）

「二〇〇万人県民全体のまだ二三・二％しか回答がない、これは非常に少ない。行政がいろんなイベントなどをしない限り、回答率は伸びないのではないか。福島原発事故からもう二年、記憶も薄れてあやふやになる」

春日文子委員（日本学術会議副会長）

「総合的な回答率が上がらない現状は、基本調査自体の改善とか、県の協力のあり方とか、根本的に考え方を変える必要がある。基本調査自体、内部被ばくや個人線量計の結果などと併せて、データベース化する計画を早急かつ強力に進めるべきだ。福島県立医科大だけではなく、いろんな機関が初期被ばくの測定努力をしている。ホールボディカウンター（全身計数装置）による検査もしているし、個人線量計のデータも見ている。

また山下座長自身も日本学術会議主催の国際会議で説明したように、福島県立医科大も避難者の測定をしているということだったし、そういった情報や多様なデータを一元化して、県民の被ばく状況をできるだけ正確に推計する目標に向かって活用する努力を続ける必要がある」

山下俊一座長（福島県立医科大副学長・同県放射線健康リスク管理アドバイザー）

「今回は外部被ばく線量の評価なので、指摘の内部被ばくや、個人線量計やホールボディカウンターも含めた、全体の個人被ばく線量の一元管理を、最終的には県民健康管理の調査事業の一環として行うが、そこまで行っていない」

児玉和紀委員（放射線影響研究所主席研究員）

「子どもの被ばく線量が気になる。年齢別の回答率をきっちりと出してもらいたい」

大津留オブザーバー

「年齢別の回答率で、〇歳〜九歳の回答率は二八・四％、ただ二十〜二十九歳は一六・六％、六十歳以上は二七％である（二〇一二年十月三十一日現在）」

春日委員

「がんも、いろいろな進行度合いがあるが、どのくらいだったのか」

鈴木眞一オブザーバー（福島県立医科大医学部教授）

「甲状腺がんの三例が、どのくらいの期間にできたのか簡単に推定できないが、通常の甲状腺がんであると申し上げる」

井坂委員

「今出ているがんは、鈴木先生の説明だと、通常のがんということだ。その辺をはっきりしておかないと、県民も戸惑うのではないか」

山下座長

「鈴木先生、これは先行調査ということで、説明をしてください」

鈴木オブザーバー

「そのとおりで、基本調査のほうでも、現在の線量は健康に影響が出る量ではないというコメントがあった。当然、先行調査で、元々あったもの（甲状腺がん）を発見している可能性が高いということだ」

▒事前の秘密会で甲状腺がんに関する見解を調整した検討委

「県民健康調査」検討委員会は、この第一〇回検討委員会の以前に、福島県が委員らを事前に集め、秘密裏に「準備会」（秘密会）を開いていた事実が発覚した。

『毎日新聞』（二〇一二年十月五日付）は、第八回検討委員会（同年九月十一日）の直前の準備会（秘密会）から本会場へ向かう委員らを写真付きで報じ、（一）準備会で健康調査結果の見解をすり合わせ「がん発生と原発事故に因果関係はない」ことなどを共通認識とし（二）本会合の検討委でのやりとりを事前に打ち合わせ（三）出席者には準備会の存在を外部に漏らさぬよう口止めもしていた、と告発した。

準備会は事務局を務める福島県保健福祉部の呼びかけで、検討委員会の約一週間前か当日直前に委員が非公開の会合を行い、検討委員会とは別の配布資料は回収のうえ、議事録は残さず、その存在自体を隠していた。

『毎日新聞』によると、第八回検討委の直前の秘密会では、子どもの甲状腺検査で甲状腺がん患者が初めて確認された報告を受け、委員らは「原発事故とがん発生の因果関係があるとは思われない」などとする見解を確認した。その上で、検討委で委員が事故との関係をあえて質問し、調査を担当した福島県立医科大が答えることまで話し合っていたという。

▒チェルノブイリ原発事故では、政府の弾圧で放射能の影響調査研究はタブーだった

この検討委員会では委員の一人が因果関係について質問した。だが、同県立医科大の教授が、旧ソ連チェ

ルノブイリ原発事故で甲状腺がんの患者が増加したのは事故から四年以降だったと発言し、因果関係が否定され、他委員からも異論は出なかったと伝えられる。

ここで注意しておく必要があるのは、この時期はチェルノブイリ原発事故（一九八六年）から旧ソ連崩壊（一九九一年）までの数年間、旧ソ連政府が医師をはじめ科学者、研究者などに強い圧力をかけ、放射能被害の調査研究自体を禁じ、かん口令を敷いていた時期と一致していることである。したがって、チェルノブイリの甲状腺がん患者が増加したのは事故から四年以降とは断定は出来ない。それは、弾圧下で調査研究を続けたロシアをはじめウクライナ、ベラルーシの良心のある科学者や研究者たちの証言からも明らかだ。

▒過小対応は医療の根本原理にもとる行為

こうした福島県の「県民健康調査」検討委員会の不可解な判定を、前述の「市民と科学者の内部被曝問題研究会」の科学者たちは、事故から二年の二〇一三年三月十一日、東京の日本記者クラブで記者会見して告発した。

同研究会の矢ヶ崎克馬・琉球大学名誉教授は、「福島県内の十八歳以下の子どもに甲状腺の嚢胞《のうほう》と結節《しこり》が、同調査の甲状腺調査で二〇一一、一二両年度に非常に高い確率で見つかっている」と、危険な兆候を指摘した。

二〇一二年度には、甲状腺検査を受診した一三万四〇七四人のうち、嚢胞が四四・六％（前年度三五・六％）から見つかり、そのうち三・一ミリ以上の嚢胞が全体の八・二％（同一六・八％）を占める。また結節も、同年度には甲状腺検査の受診者の一・二％から見つかり、前年度の一・〇を上回った。

嚢胞は、甲状腺にできた体液のたまった袋状のもので、良性が多い。嚢胞に結節があり、大きい場合は悪性かどうか確定検査が必要になる。矢ヶ崎名誉教授は、嚢胞の見つかった割合を、子ども（福島県のデータ）と大人（人間ドック学会誌の論文）に分けて、男女別に年齢に対応して比較した。その結果、福島県の子どもたちが、大人の年齢別に予測される嚢胞の保有率より、はるかに高い保有率を示していることが明らかになった。

しかし、福島県の「県民健康調査」検討委員会は、調査結果は「概ね良性」であるとしている。

矢ヶ崎氏は、甲状腺調査を指揮する福島県立医科大の山下俊一副学長が、全国の甲状腺学会の会員に対するメールを通じて、甲状腺の検査を希望して市民が受診しても、検診を断るよう要請していた事実を明らかにし、「このように、放射線の影響を排除し、過小に対応させる受診方法は、医療の根本原理から逸脱する行為だ」と指弾した。

■福島県は福島県立医科大の座長や委員ら四人を解任

「県民健康調査」検討委員会の運営に関する、福島県の調査委員会は二〇一二年十月九日、同検討委による事前の意見調整や口止め、振り付けなどの事実は認められなかったが、①進行表の配布など、県民に意見調整などの疑念を抱かせかねない行為があった②今後長期にわたり実施する健康調査への不安と不信感を県民に与えた③検討委の運営の公平性、透明性を確保し、会議のあり方を見直す——とする、苦しい内容の調査結果を発表した。

この福島県調査委の結論に対し、『毎日新聞』は二日後の紙面で、県保健福祉部が第四回検討委（二〇一一年十月十七日）の前に、「準備会で意見集約、取扱注意」と記した、ホールボディカウンター検査や線量計測定の県内拡大への対応など六項目の進行表案を、委員らに事前配布していたと反論している。ホールボディカウンターは、人体内に取り込み沈着した放射性物質の量を体外から測定し、内部被ばく線量を調べる装置である。

福島県は二〇一三年五月、「県民健康調査」検討委員会の設置要綱を一部改正し、委員計一一人のうち、県が調査を委託する福島県立医科大の山下俊一副学長（座長）をはじめ同大学関係者四人を、調査の実施機関と検討委員が同じだと客観性が保てないとして、同日付で解任したと発表した。

福島県は、同検討委員会に、新たに「甲状腺」、「がん・疫学」および「妊産婦」の専門家など八人を招へいし、委員数を一五人に増員すると共に、委員の任期は二年とし、座長は互選とする措置を講じた。

▒甲状腺がんへの放射線の影響を控える新座長

これを受け、同年六月五日に開かれた第一一回検討委員会（星北斗座長＝福島県医師会県民健康調査「甲状腺検査」の実施状況常任理事）では、前回二月の検討委以降、十八歳以下の甲状腺がんの確定診断者（三人）が九人増えて計一二人に、悪性の疑いのある者（七人）が八人増えて計一五人になったと報告された（両者の合計は二七人）。

このような甲状腺がんの増加傾向について、新任の星座長は、記者会見で「現時点では、放射線の影響とは思えない」との従来の見解を繰り返した。

■事故から四年間に、甲状腺がんと悪性の疑いは一一七人に増加、女性のほうが多い

しかし、この統計解釈とは別に、事態は進行しているようだ。約一年半後に開催された第一四回検討委員会（二〇一四年十二月二十五日）では、甲状腺検査結果の公表形態が変更され、二〇一一年度から一三年度までの事故以来三年間の結果が公表された。この三年間の甲状腺がんの確定診断者と悪性の疑いのある者は合計一〇九人にのぼり、このうち八一人が甲状腺がん、二八人が悪性の疑いと診断された。

この両者の合計数と甲状腺がんの年度別内訳は、二〇一一年度が計一五人（うち甲状腺がん一三人）、一二年度が計五六人（同四九人）、一三年度が計三八人（同一九人）である。

さらに、二〇一四年度には計八人（同一人）が加わり、四年間の甲状腺がんの確定診断者と悪性の疑いは合計一一七人に達し、このうち八二人が甲状腺がん、三五人が悪性の疑いとなっている（二〇一四年十二月三十一日現在）。

両者の合計数（一一七人）を男女別にみると、女性が七五人で、男性四二人を上回る。

■すべての臓器がんは放射線量により誘発される／晩発性障害には安全のしきい値はない

「未来の福島こども基金」の黒部信一代表（すずしろ診療所長、小児科医）は、著書『放射線と50の基礎知識』で、「すべての臓器がんは、放射線量により誘発される。どんな低い線量でも、放射線量と発がん数は直線関係で正比例し、あらゆる種類のがんは放射線によって増加する。細胞の増殖スピードが速い子どものほうが、大人より発がん、死亡率が高い」と指摘する。

さらに黒部代表は「放射線の発がん率は累積し、長期的に高くなる。時間がたって現れる『晩発性障害』

には、ここまで安全というしきい値（線量限度）はない。少量の放射線がからだに良い、といった『ホルミシス効果』は否定されている」と念をおしている。

「リスク便益」でなく、「人権」に基づく政策を実施し、年間被ばく量を年間一ミリシーベルトに減らせ
――国連人権理事会が勧告

人権面から福島第一原発事故の日本政府の対応を調査していた「国連人権理事会」は、二〇一三年五月二日、前述の特別報告官アナンド・グローバー氏が執筆した「心身の健康を享受する権利に関する報告」を公表し、日本政府に対し、「避難区域と被ばく限度値に関する政策は、現在の科学的証拠にしたがい、リスク便益（リスク削減費用）ではなく、一般人の被ばく線量を年間一ミリシーベルトに低減する」ように勧告した。

この報告の正式名称は「達成可能な最高水準の心身の健康を享受する権利に関する報告」と言う。

原子力を推進する国際原子力機関（ＩＡＥＡ）、原子放射線の影響に関する国連科学委員会（ＵＮＳＣＥＡＲ）、国際放射線防護委員会（ＩＣＲＰ）、世界保健機関（ＷＨＯ）といった、現行の放射線の安全基準値を擁護する他の国連機関などと異なり、国連人権理事会の六項目から成る勧告は、一貫して放射線を被ばくした被災者の立場に立っているのが特長だ。

子どもには尿・血液、「内部被ばく」は全被災者、福島県外でも検査を

国連人権理事会は、被災者の健康管理調査について、福島県の調査は十分ではないとし、日本政府に対し次のように勧告した（表3―1）。

表3-1　国連人権理事会の「心身の健康を享受する権利に関する報告」の主な勧告

日本政府に対する勧告	内　　容
(1) 初期対応	①緊急時対応計画の定期的見直しを制度化し、指揮系統を明確化、避難区域やセンターを特定化し、弱者を援助する指針をつくる ②原子力事故が発生したら、速やかに災害関連情報を公表する ③事故前、発生後に、速やかにヨウ素剤を配布する ④被災地の情報収集、伝達のため、SPEEDIのような技術を迅速かつ有効に活用する
(2) 被災者の健康調査	①年間1ミリシーベルト以上の全被災地に健康管理調査を実施する ②子どもの健康調査は、甲状腺だけでなく、尿・血液検査も行う ③内部被ばく検査を、全被災者と福島県外でも実施する ④高齢者、子ども、妊婦など弱者に心理的ケア施設などをつくる
(3) 放射線量の関連政策と情報	①リスク便益分析ではなく、人権に基づく政策を策定し、被ばくを年間1ミリシーベルトに低減する ②放射線モニタリングは、地域社会の独立したデータ取り入れも
(4) 除染	①年間1ミリシーベルト以下に低減する明確な期限付き計画を ②地域社会の参加のもと、放射性廃棄物の仮設、最終貯蔵所をつくる
(5) 透明性と説明責任	①原子力規制機関と原発事業者は、国際的安全基準の遵守を ②原子力規制機関は、国内外の安全基準などの入手情報の公開を ③東京電力と第三者らは、原発事故の償いをする責任があり、賠償支払いや復興努力の責任を、納税者に転嫁すべきでない
(6) 賠償と救済	①「子ども・被災者支援法」の枠組みを、被災した地域社会の参加の下に策定する ②復興と生活再建の費用を、救済に関する総合政策に含める ③原発事故と被ばくの健康影響に、無料の健康診断と治療を ④原発の再稼働、避難区域、放射線限度値、健康調査、賠償などの原子力政策と規制の政策決定に、弱者グループを含む地域社会の参加を確保する

（出所：国連人権理事会の『心身の健康を享受する権利に関するアナンド・グローバー報告』）

（一）被ばく線量が年間一ミリシーベルトを上回る、すべての被災地住民に健康管理調査を実施する。
（二）子どもの健康調査は甲状腺に限定せず、尿・血液検査を含むすべての健康影響調査に拡大する。
（三）ホールボディカウンターによる内部被ばく検査の対象を限定せずに、住民、避難者を含むすべての被災者、および福島県以外の住民にも実施する。
（四）すべての避難者、住民、ことに高齢者、子どもおよび妊婦のような弱者のグループに対し、心理的ケア施設および日常品、サービスを確保する。

▒除染は年間一ミリシーベルト以下の期限付き計画の策定を――国連人権理事会

放射線量の関連政策について、国連人権理事会は、「放射線のモニタリングに、地域社会を含む独立した有効なデータを取り入れる」ように勧告した。

除染については、放射線量を年間一ミリシーベルト以下に低減するための、明確な期限付き計画の策定を求めている（表3―1）。

▒福島県の子どもの甲状腺がん発生率はチェルノブイリ以上、内部被曝問題研究会が警告

国連人権理事会に、福島県の汚染状況調査をするよう要望書を出した「市民と科学者の内部被曝問題研究会」は、二〇一三年三月十一日の日本記者クラブでの記者会見で、「福島の子どもの甲状腺がん検診結果に関する声明」を発表した。

声明は「福島県の小児甲状腺がんの発生率はすでにチェルノブイリと同じかそれ以上であるおそれがあり、

速やかな移住・疎開の必要がある」と訴えると共に、納得のいく甲状腺の検診（施設配置、精度・健診間隔、説明など）を求めた。

写真 3-1　松崎道幸・深川市立病院内科部長

■小さな潜在がんの発見と早期治療が重要

この声明の根拠について詳述した北海道・深川市立病院の松崎道幸・内科部長（医学博士、**写真3—1**）は、甲状腺がん検診の目的について、畑の種まきに例えて図解した。

放射線の被ばくによって、甲状腺という畑の中に①がんの種がまかれ②地中で芽が出て③だんだん大きくなり（潜在がん）④土から顔を出す（臨床がん）（**図3—1**）。

松崎内科部長は、チェルノブイリ原発事故では、多くの子どもたちに発症した甲状腺がんが、外から見ただけで、あるいは触診しただけで、結節《しこり》ができていることがわかる「臨床がん」が多発したと指摘した。その上で、より早く見つけて治療するには、超音波検査で少なくとも③の潜在がんを見つけることが重要であると強調した。

■チェルノブイリの甲状腺がん多発の検査経験を生かさない山下チーム

チェルノブイリで、この検診を行ったのが、福島県の「県民健康調査」検討委員会の座長を務めた山下俊一氏と、長瀧重信・長崎大学名誉教授のチームでもあった。

松崎氏によると、山下、長瀧両氏ら（山下チーム）は、一九九五年に医学誌『Thyroid』に共同執筆した論文で、

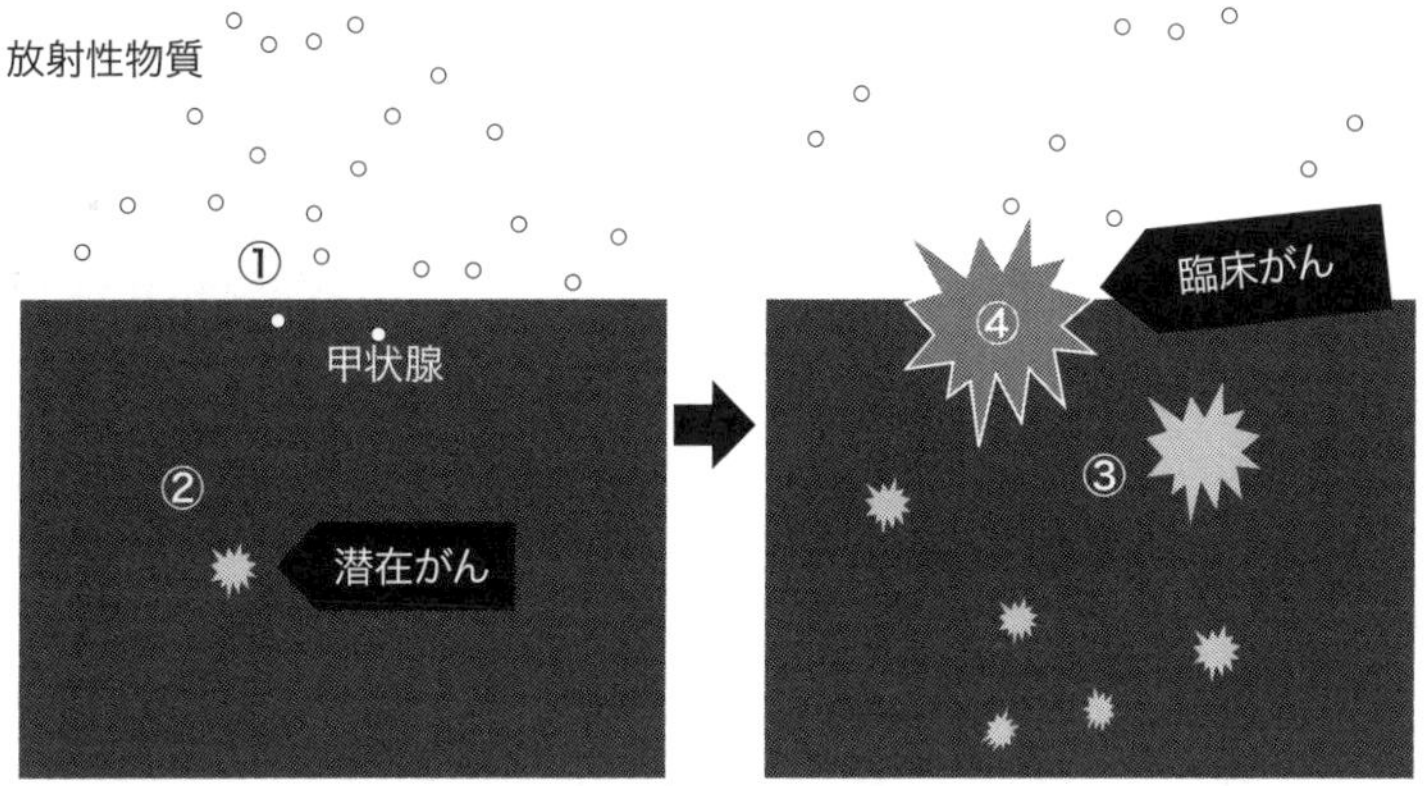

放射線被ばくで甲状腺の中にガンができる。左：被ばく直後、右：被ばく数年後。
甲状腺エコー検診は「潜在がん」を見つけるのが目的。

（出所：北海道・深川市立病院の松崎道幸・内科部長作成）

図 3-1　種まきに例えた甲状腺がん

事故時十歳以下だったチェルノブイリ周辺の約五万人の子どもたちを対象に、事故から五〜七年後に甲状腺の超音波検査をした結果、一万四千人に一人の甲状腺がんが発見され、高汚染地域では四五〇〇人に一人見つかったと発表している。しかも、山下チームは論文で、放射性ヨードによる初期被ばくだけでなく、放射性セシウムによる慢性の低線量被ばくでも、甲状腺がんが増えると指摘しているのだ。

それにも拘わらず、山下氏の率いた福島県の「県民健康管理調査」検討委員会は、甲状腺がんは元からあったがんが発見されたもので、福島第一原発事故と関係がないような見解を示し、低線量被ばくによる「内部被ばく」検査の実施にも消極的な姿勢を崩していない。

同氏は、さらに「内部被ばく」を全く評価していない日本政府に対し、チェルノブイリ法に準じて、「内部被ばく」を評価するよう重ねて求めた。

写真 3-2　生井兵治・元筑波大学教授

■日本の食料品の安全基準値は、原発内の低レベル放射性廃棄物の基準と同じ

日本の食料品の「放射能」規制基準はどうか。福島第一原発事故の六日後に、政府（厚生労働省）は食料品の暫定基準値を一kgあたり五〇〇ベクレルに設定し、福島、茨城、栃木、群馬四県のカキナとホウレンソウの出荷を制限した（対応する空間線量は五ミリシーベルトで、放射性セシウム134と137の合計値）。

さらに政府は、翌二〇一二年四月から、放射性セシウムの年間一ミリシーベルトを、食料品からの摂取で許容できる線量として、食料品の新基準値を①一般食品一〇〇ベクレル②乳児用食品五〇ベクレル③牛乳五〇ベクレル④飲料水一〇ベクレル（いずれも一kgあたり）に変更した（基準値はベクレルで表す）。

生井兵治・元筑波大学教授（農学博士、**写真3—2**）は、前述の日本記者クラブでの記者会見で、原発内の放射性セシウム137の法定基準と対比し、「政府の食料品の基準値では国民の健康は守られない」と指摘し、ずさんな基準値算出の一大矛盾を次のように告発した。

一、「放射性同位元素等による放射線障害の防止に関する法律施行規則」では、原発内のセシウム137は一〇〇ベクレル（一kgあたり）を、「低レベル放射性廃棄物」と定めている。だから、厚労省の暫定規制値と四県の出荷制限措置は、住民が「低レベル放射性廃棄物を食べる」のに等しい事態を容認したことになる。

二、原発内の低レベル放射性廃棄物は、ライセンスを持ったスタッフが黄色いドラム缶に密閉して、専用保管所で管理しなければならない。にも拘わらず、食料品は、規制値より低ければ、出荷しても、食べても良いことになっている（前述の矢ヶ崎氏によると、ドイツの食料品基準値は、大人で八ベクレル、子どもで四ベクレルである）。

▒ウクライナからの警告、毎日一〇ベクレルの食事で七割の子どもに健康障害が発生

それでは、食料品の新基準値にしたがい、食事をしたらどんな影響が出るのか。生井博士によると、新基準値（五〇ベクレル）の上限近くの牛乳を、毎日二〇〇ミリリットルずつ飲むと、一日ごとに一〇ベクレルずつ体内に放射性物質が蓄積していくことになる。

人間のからだは何時も同じように見えるが、新陳代謝で細胞は絶えず入れ替わり、今の自分の姿が保たれている。しかし、放射性物質は最初は速やかに代謝されるが、時間とともにその特性によって内臓、骨、筋肉などに蓄積される。こういう状態に子どもたちが陥ると、チェルノブイリの被災国ウクライナからの訪日調査団（二〇一二年）の報告では、毎日平均一〇ベクレルの食事で、七割の子どもに健康障害が発生している。

第Ⅱ部

チェルノブイリ原発事故と福島原発事故の比較

第4章　ウクライナとベラルーシの人口激減と健康被害

旧ソ連のチェルノブイリ原発は、一九八六年四月二十六日に4号炉が溶融して爆発し、一九二トンの核燃料の四%が、上空二〇〇〇メートルへ噴出し、原発の立地するウクライナや、隣国のベラルーシ、ロシアの三カ国だけでなく、北はスカンジナビア半島、西はアルプス山脈の西欧諸国を汚染した。

事故の規模は、後の国際原子力事象評価尺度（INES）で最悪のレベル7（過酷事故）と判定され、放出された放射性物質の量は、広島型原爆の約五〇〇発分に相当すると推定されている。

事故の原因は、原子炉の設計上の問題と人為ミスが指摘されている。事故後、4号炉に建設された石棺は、老朽化してアーチ式に交換となり、残る1〜3号炉は稼働を続けたが閉鎖された（**写真4—1**）。

ウクライナをはじめ、ベラルーシ、ロシア三カ国の汚染地域は、名称は異なるが、①立ち入り禁止区域②強制移住区域③自発的避難区域④放射線モニタリング強化区域の四ゾーン（ベラルーシは五ゾーン）に区分され、被災者は合計で三五〇万〜四五〇万人（うち子どもが一〇〇万〜一五〇万人）と伝えられる。

チェルノブイリ原発事故の大被害を受けたウクライナは、国土の九%（五万四六〇〇km²）が放射能に汚染さ

写真 4-1　石棺工事中のチェルノブイリ 4 号炉
（出所：「ウクライナ政府チェルノブイリ事故 25 年報告書」）

表4-1　ウクライナの放射能汚染4区域と放射線量

放射能汚染4区域	汚染4区域の基準			
	土壌の放射性降下物・濃度　キロベクレル／m^2			年間被曝線量（ミリシーベルト）
	セシウム137	ストロンチウム90	プルトニウム	
①立ち入り禁止区域	1986年に住民が避難したチェルノブイリ原発の隣接地域			
②強制移住区域	555以上	111以上	3.7以上	5以上
③自発的避難区域	185～555	5.5～111	0.37～3.7	1以上
④放射線モニタリング強化区域	37～185	0.74～5.5	0.18～0.37	0.5以上

（出所：「チェルノブイリ原発事故に関するウクライナ国法」（チェルノブイリ法））

れた。史上最悪の原発事故の放射能汚染による被害は、四分の一世紀を経た現在も、拡大し続けている（表4―1）。

ウクライナ被災者の九五％は汚染地域に居住

ウクライナ政府の緊急事態省は、二〇一一年に『チェルノブイリ事故から二五年 "Safety for the Future"』と題する報告書を公表し、「同国では事故の被災者が二二五万四四七一人にのぼり、このうち九五・四％（二一五万人）が、いまだに『放射能汚染地域』内に居住し、同地域から避難した住民は一六万四〇〇〇人以上に過ぎない（二〇一〇年一月現在）」ことを明らかにした。

同報告書は「チェルノブイリ原発事故による社会経済的な変化と危機の結果、『放射能汚染地域』にある住民センターの生活、労働、栄養および医療サービスは、近代的な基準に十分に対応していない」と率直に指摘した上で、さらに「二〇〇九年現在、十八歳以下（八万七九八六人）を含む住民三一万七四六七人が、依然として年間〇・五ミリシーベルトの放射線を被ばくしている」と指摘している。

人口が二〇年間に六五〇万人も激減したウクライナ

ウクライナでは、国の土台を支える人口に、尋常でない様々な異変が起きた。一九五一年以来、増加していた人口は、チェルノブイリ原発事故から七年経った一九九三年から、減少に転じた。旧ソ連の崩壊でウクライナが独立した三年後である。

ウクライナ緊急事態省は、同報告書『チェルノブイリ事故から二五年 "Safety for the Future"』で、「ウクライナは一九九一〜二〇〇九年の二〇年間に、人口統計学上の全国的な危機に見舞われ、ほぼ六五〇万人の人口を失った」と、衝撃的な事実を明らかにしている。

統計時期のずれはあるが、実際のところ、一九九一年に初めて五二〇〇万人を超えたこの国の総人口は、二〇一一年（二〇年間）に四五〇〇万人台半ばへと、実に約一三％も激減してしまったのだ。このため、国連から「世界で最も人口減少の激しい国の一つ」と警鐘を鳴らされた。

人口激減の事実は、同報告書の「チェルノブイリ災害後に引き起こされた社会の人口統計学的・社会的・心理学的変化のダイナミックな分析と、それらの否定的な展開を克服するための方法」という、長い表題の付いた一節の中に記載されている。

■破壊されたウクライナ政府統計を、緊急事態省が復元

この一節は、政府の報告書にしては、異様な書き出しで始まる。

「不幸にも二〇〇七年以後に、チェルノブイリ災害の被災者の政府統計と、プログラムを実施する情報規定に関するシステムが、破壊されてしまった」というのである。

この破壊行為により、チェルノブイリ原発事故の結果も削除されたため、国立統計局は、プログラム実施に関する統計データブックの発行中止に追い込まれた。

そして、報告書『チェルノブイリ事故から二五年 “Safety for the Future”』の当該一節の作成に必要な情報を収集するため、(緊急事態省の)執筆陣は少なからぬ努力をしなければならなかった、と述懐している。

執筆陣は「我々がまとめた別表のデータは、過去二五年間にわたるチェルノブイリ災害とその結果が、ウクライナおよび数百万人の国民に悲劇をもたらした事実を示す証拠である。被災住民の全員が、ウクライナの医療健康(MH)制度下の医療および予防治療施設で、医療サービスを受けているわけではない」と告発している(**表4―2**)。

表4-2　ウクライナのチェルノブイリ災害の被災者(被曝者)数
(1987～2009年)

西暦年	被災住民数(医療監視下)	被災者の認定数(記録開始は1994年)
1987年	26万4587人	
1988年	25万6849人	
1989年	32万0459人	
1990年	34万7252人	
1995年	274万4226人	309万2958人
2000年	260万8354人	327万8521人
2005年	234万2207人	252万6216人
2009年	223万8334人	225万4471人

(出所:ウクライナ緊急事態省の報告書『チェルノブイリ事故から25年 “Safety for the Future”』)

▒人口激減の主因を生活習慣病とする国連機関

人口激減の原因は、事故後の国外避難も含め、必ずしも放射能の影響に限定できるものではない。国連や世界銀行などは、この国で多い飲酒や喫煙をはじめ肥満、高血圧、エイズの蔓延を主要原因に挙げている。

しかし、チェルノブイリ原発事故以前に増加していた人口が、事故数年後から継続的に激減している事実は、こうした生活習慣病などに原因を求める見解だけでは説明がつかない。むしろ、原発事故の被害を過小評価し、原子力政策を推進しようとする、国際機関などの深謀な意図が、逆に垣間見える。

■新生児が激減、死亡者が激増というダブルパンチを受けたウクライナ

人口は、出産数が、死亡者の数を上回れば増加する。だが、ウクライナでは、新生児の誕生が激減し、死亡者が激増するという最悪のダブルパンチを受け、人口が激減した。この構図は、チェルノブイリ原発を中心に、同心円状にやや東側によりながら描かれている。

ウクライナ緊急事態省の報告書『チェルノブイリ事故から二五年 "Safety for the Future"』は、こうした深刻な実態について、人口統計学上の視点から、出生率、死亡率、死因と放射能汚染とを関連付けて分析し、人口激減の真相に迫っている。

ウクライナで最悪の被災地域(ジトームィル州とキエフ州)の人口推移状況は、事故後かなりの間、全国指標と比べ際立った変化はなかった。例えば、二〇〇〇～二〇〇九年(一〇年間)に、両地域の出生率は全国平均をわずかに上回っていた。同じ期間の死亡率は、全国の平均死亡率一五・九%に対し、ジトームィル州は一七・七%、キエフ州は一七・四%とやや高かった。

一九九二～一九九九年に「強制移住区域」および「自発的避難区域」では、出生率の増加が記録された。この期間は、被災住民が最も積極的に非汚染地域へ移住した時期と重なる。出生率の増加は、移住先で住まいと仕事を確保して利益を得ようという人々の願いと関係している。

しかし、汚染地域内の新生児出生率は、一九九〇年代初めに低下した。「強制移住区域」はマイナス五・六%、「自発的避難区域」はマイナス六・〇%、「放射線モニタリング強化区域」はマイナス九・一%だった。

二〇〇六年以降、新生児出生率は破局的なマイナスとなり、「強制移住区域」はマイナス二〇・六%、「自発的避難区域」はマイナス一四・〇%、「放射線モニタリング強化区域」はマイナス二一・五%へと落ち込

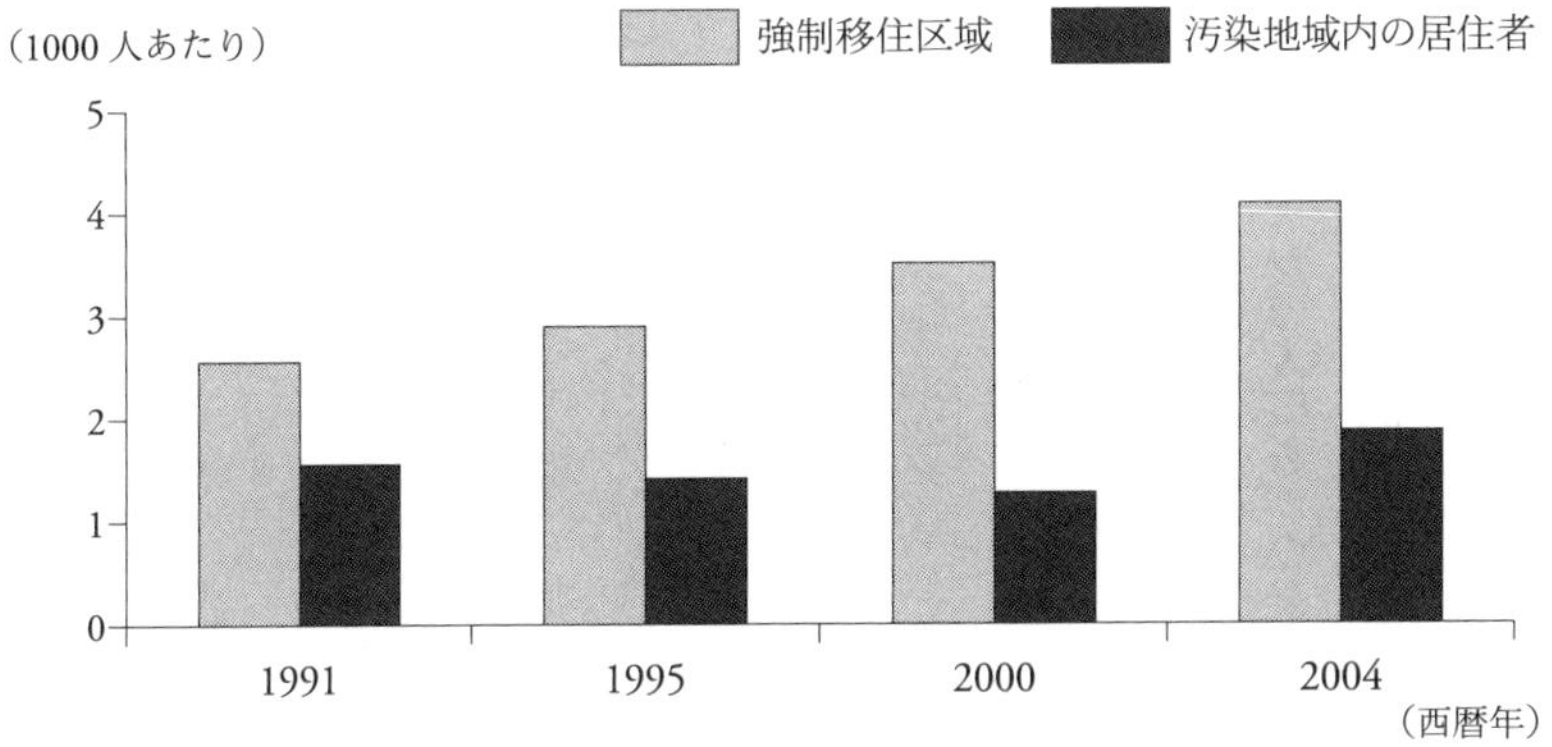

（出所：ウクライナ緊急事態省「チェルノブイリ事故後 25 年――未来へ向けての安全」報告書）

図 4-1　ウクライナの子ども（0 〜 14 歳）に増加する罹患率
（呼吸器系、胎児期障害、先天的異常）

んだ。

事故後の一八年間（一九八六〜二〇〇三年）に、汚染地域内で減少した人口の総数は、四万八八〇〇人にのぼった。この人口の純損失には、放射線の影響による胎児（二万五二〇〇人）および過剰死亡（六九〇〇人）が含まれる。

出産期の女性一千人が胎児を死産する割合は、一九八六年の八人から二〇〇一年には七六人へと、九・五倍も増加した。チェルノブイリ原発事故以降、胎児の損失レベルは四一・一％に達する。子どもの罹患率も増加している（図4―1）。

「放射線モニタリング強化区域」における十五〜四十九歳の女性の胎児損失率は、全国レベルに等しく、一九八六〜二〇〇三年の場合、一四・二％であり、汚染地域内の三分の一だった。

汚染地域の人口の減少は、一九九一〜二〇〇五年に、汚染の低い定住地域より増加した。一九九一〜二〇〇〇年に、「強制移住区域」と「自発的避難区域」内の人口が五二〜九八％減少したのは、強制的および自発的再定住に伴う移住流出による。

また最悪の汚染地域内で起きた人口統計学上の人口損失は、多産な女性に子どもを産む意欲を失わせたことにも原因がある。胎児が生を受けなかった最大の原因は、二十～二十九歳の女性が出産しなかったことが大きい。

一九八六～二〇〇三年の過剰死に関連する人口損失は、一九七九年と比べると、すべての主要な死因を通じて増加している。

平均余命の最も急激な低下（その八五％以上）は、十五～五十九歳の死亡による。一九九一年以降、内臓系の障害は、最悪の汚染地域における死亡率および子どもの罹患率の増加を示す証拠となっている。

乳児死亡率の増加は、依然として汚染地域内で続いており、その原因として呼吸器系疾患、胎児期に現れる障害、先天的な奇形が指摘されている。

ウクライナ緊急事態省の報告書『チェルノブイリ事故から二五年　"Safety for the Future"』は、入手したデータは、放射線の被ばくが乳児死亡率の増加だけでなく、それを引き起こす原因の構造的な変化をもたらす前提条件となっていることを信じる根拠を示している、と結論付けている。

▒ベラルーシの人口も、ウクライナと同時期に急減、一〇年間に五〇万人

ウクライナの北側の隣国であるベラルーシも、チェルノブイリ原発事故で大きな被害を受けた。

ベラルーシの人口は、一九五四年から増加し、一九八六年に一千万人を超えた。だが、ウクライナと軌を一にして、ベラルーシもチェルノブイリ原発事故の七年後、ソ連崩壊による独立三年後の一九九三年から減

表4–3　ベラルーシの放射能汚染5区域と放射線量

放射能汚染5区域	土壌の放射性降下物濃度　キロベクレル／m^2		
	セシウム137	ストロンチウム90	プルトニウム
①強制避難（無人）区域	1986年に住民が避難したチェルノブイリ隣接地域		
②移住義務（第1次移住）区域	1480以上	111以上	3.7以上
③移住（第2次移住）区域	555 ～ 1480	74 ～ 111	1.85 ～ 3.7
④移住権利区域	185 ～ 555	18.5 ～ 74	0.37 ～ 1.85
⑤定期的放射能管理区域	年間の被曝線量1ミリシーベルト以下		

（出所：ベラルーシ科学アカデミー・放射線生物学研究所、京都大学原子炉実験所）

少し始め、二〇〇一年に一千万人を割っても減少が止まらず、二〇一〇年には九四八万人に急減した。

国連の「国連とチェルノブイリ」によると、チェルノブイリ事故から放出された全放射性降下物の七〇％は、ベラルーシの国土のほぼ四分の一の地域に降下し、子ども五〇万人を含む二二〇万人以上が被災した。また、農地の二〇％、森林の二三％が放射能に汚染された。

■ベラルーシの子どもの甲状腺がんは、一〇年間に八千～一万例に激増

同国政府は、十五歳以上の子どもの甲状腺がんが、一九九〇年の二千例から二〇〇一年には八千～一万例に激増したと推定している。

ベラルーシでは、チェルノブイリ原発事故の被災者を救援するため、「被災者の社会的保護法」が一九九一年十二月に成立し、年間被ばく量が一ミリシーベルト以下を安全基準とし、①強制避難（無人）区域②移住義務（第一次移住）区域③移住（第二次移住）区域④移住権利区域⑤定期的放射能管理区域の五区域に分けた（**表4―3**）。

▩健康被害で最も危険なのは、セシウム、ストロンチウムおよびプルトニウム／食物による「内部被ばく」は七〇～八〇％に

ベラルーシの放射能汚染による健康被害の実態は、情報が少ないが、ユーリ・I・バンダジェフスキー元ゴメリ医科大学学長がベラルーシの実態について、鋭く切り込んだ研究結果がある。

健康被害でいちばん危険なのは、半減期の長い放射性セシウム137とストロンチウム90を含む食材の摂取であり、「内部被ばく」を引き起こす割合は七〇～八〇％に達する。もっと半減期が長いプルトニウムの悪影響も侮れない。

特にセシウム137は、食物から慢性的に取り込まれ、甲状腺や心臓、ひ臓、大脳など、生命活動に重要な臓器に蓄積され、「内部被ばく」を引き起こす。

▩セシウム137は、小児の不整脈など心筋障害の大きな原因

セシウム137の影響が最も激しく現れるのは、成長中の人体の心臓血管である。小児の心筋に一〇ベクレル（一kgあたり）以上蓄積すると、電気生理学的な異常が起きる。

バンダジェフスキー元学長の研究によると、ベラルーシでは、原発事故の一九八六年以降に生まれ、セシウム137が地表に五五万五〇〇〇ベクレル（一m²あたり）以上蓄積する汚染地域で暮らしてきた住民に、心臓血管系の深刻な病理学的な異変症状と、心電図の異常が多い。

学齢期の児童は、セシウム137を取り込んで心拍異常など心筋障害の原因となっており、放射性物質と不整脈の発生率との間には明らかに相関関係が見受けられる。

ベラルーシの主要な死因は、心臓病と悪性腫瘍（がん）であり、最も多い心臓病が五二・七％と半分以上を占め、二番目の悪性腫瘍が一三・八％である（二〇〇八年）。心臓病は、チェルノブイリ原発の事故処理作業員に増加している。

▒セシウム137は、女性の不妊の主要原因／新生児の大脳、白内障にも影響／心臓血管系から内分泌、免疫系など様々な影響

またセシウム137は、内分泌系の黄体ホルモン（女性ホルモン）を混乱させ、女性の生殖系の疾患を引き起こし、不妊の主要原因ともなっている。母子のホルモン・バランスが乱れ、分娩合併症と新生児の発育障害が増えている。

さらに、母乳からセシウム137が新生児に移行して神経系、特に大脳に悪影響を与える。また、放射線汚染地域に住む児童の白内障の増加は、放射性セシウムの量と関係があると、バンダジェフスキー元学長は指摘している。

人間や動物の体内に取り込まれることによって、セシウム137が引き起こす病理的な異変の症候群は、実に広範囲に及ぶ。心臓血管系、内分泌系、免疫系から、生殖系、消化器系、尿排泄系、さらに肝臓系にまで、代謝障害を引き起こす。

▒死亡率が出生率の二倍以上上回る、ベラルーシの人口激減の原因はセシウム

しかも、放射性セシウムの量は、年齢や性別、臓器機能の状態で異なる。子どもの臓器では、五〇ベクレ

ル（一kgあたり）以上を取り込むと、相当な病変が起き、一〇ベクレルの蓄積でも身体系統、特に心筋の代謝異常が起こる。バンダジェフスキー元学長は「ベラルーシの人々は、チェルノブイリ原発事故から二三年間、汚染地域で生活し、放射性物質を摂取し、心臓病や悪性腫瘍などに見舞われてきた」と指摘し、「これらの疾病が確実に増えることによって、死亡率が出生率を二倍以上も上回るという、人口統計学上の大惨事がもたらされた」と結論付けている。

■チェルノブイリ被災三カ国の膨大な経済的被害

ウクライナ緊急事態省の報告書『チェルノブイリ事故から二五年 "Safety for the Future"』によると、ウクライナ、ベラルーシ、ロシア三カ国の経済的損失額（直接、間接双方を含む）が、総額二三二〇億ドル（現在の円換算で約二三兆二〇〇〇億円）に及ぶ。

■被災三カ国の事故処理作業員（六〇万人）の八三％は、慢性的疾患に

原発爆発後、関係三カ国から消防士、警察官、専門家など約六〇万人が、緊急支援など事故処理作業にあたった。過去二〇年間に事故処理作業員の健康状態が悪化し、何らかの慢性的疾患にかかっている人の割合は、八三・三％に達している。

二〇一一年までに、事故処理作業にあたった消防士など三〇％程度が既に死亡したという報告もある。

住民の避難は、爆発の翌四月二十七日、原発から三kmのプリピャチ市とヤノフ村の退避が実施された。三〇km圏内は五月上旬に、三〇km圏外の三五六九人は五～九月に実施され、ウクライナでは計七五集落から九

万一四〇六人が退避した（国連の二〇〇〇年報告書）。

三〇km圏内は、事故直後から立ち入り禁止区域に指定され、現在も許可がある場合を除き、立ち入りが禁止されている。

児童の疎開は、ウクライナ閣僚会議令により、キエフ州管轄の九年制一般教育学校（日本の小中学校に相当）の全学年、また首都キエフ市管轄の一般教育学校の一〜七年生（約二七万人）を対象として、疎開が行われた。

さらに一九八六年には、通常一カ月の学校児童サマーキャンプを、六〜九月の三カ月間に延ばして疎開を実施した。

第5章

〝国際原子力ムラ複合体〟「チェルノブイリ・フォーラム」はＩＡＥＡの指揮か？

――統計的な確証が無いと宣言し、重要な科学研究成果を無視し続けるＩＡＥＡ――

チェルノブイリ原発事故後、ウクライナ、ベラルーシ両国で人口が激減し、甲状腺がんをはじめ健康上の障害が急増しているにも拘わらず、原子力に関係する世界の専門家たちは、チェルノブイリの放射線について統計的に確かな証拠はないと権威的に宣言し、数多くの重要な調査・研究成果を無視し続けている。

二〇〇三年二月、原子力を推進する国際原子力機関（ＩＡＥＡ）の指揮の下に、〝国際的な原子力ムラ複合体〟の組織である「チェルノブイリ・フォーラム」が創設された。同フォーラムは、ＩＡＥＡをはじめ、国連食糧農業機関（ＦＡＯ）、国連開発計画（ＵＮＤＰ）、国連環境計画（ＵＮＥＰ）、国連人道問題調整事務所（ＯＣＨＡ）、さらに原子放射線の影響に関する国連科学委員会（ＵＮＳＣＥＡＲ）、世界保健機関（ＷＨＯ）、世界銀行といった国連の八機関の専門家や、ウクライナ、ベラルーシ、ロシアの被災三カ国政府の所轄官庁で構成されている。

このフォーラムは、主要任務として、科学的見解の異なるチェルノブイリ原発事故の因果関係について、明確な科学的合意を達成するための活動拡大と、未解決問題に必要な情報収集を掲げた。

1989 年 11 月創立　1990 年 4 月創刊

一九九五年二月二七日第三種郵便物認可　二〇一五年六月一五日発行（毎月一回一五日発行）

月刊
機
2015
6
No. 279

発行所　株式会社 **藤原書店**©
〒一六二-〇〇四一　東京都新宿区早稲田鶴巻町五二三
電話　〇三・五二七二・〇三〇一（代）
FAX　〇三・五二七二・〇四五〇
◎本冊子表示の価格は消費税抜きの価格です。

編集兼発行人
藤原良雄
頒価　100 円

南方熊楠を再発見し、熊楠の世界を切り拓いた、鶴見和子の到達点。

南方熊楠の謎

——鶴見和子との対話

南方熊楠研究者　**松居竜五**

奇人変人とされていた民俗学者・南方熊楠（1867-1941）を再評価し、初めて研究の俎上に載せた鶴見和子の名著『南方熊楠——地球志向の比較学』から三七年、資料の発掘・整理が飛躍的に進んだ今、何が見えてきたのか？　最新資料を踏まえた気鋭の研究者たちと、最晩年の鶴見和子が、日本近代が生んだ知の巨人、南方熊楠の多くの謎に満ちた全体像と、その思想の射程をめぐって、二日間に亘って熱い議論を交わした記録。

編集部

● 六月号 目次 ●

熊楠研究の歴史を変えた鶴見和子

「南方熊楠《みなかたくまぐす》について、私は晩学である」。

一九七八年に講談社から刊行された『南方熊楠――地球志向の比較学』（以下、『地球志向の比較学』）巻頭の「はしがき」で、鶴見和子はそのように宣言している。この時、上智大学教授であった鶴見はちょうど六十歳の還暦を迎えたばかりであった。客観的に考えれば、その年齢で初めて刊行した南方に関する研究を、「晩学」と呼ぶことは、たしかに適切な自己認識と考えられるかもしれない。

一九一八年に生まれた鶴見和子は、戦前の米国ヴァッサー大学留学以降、哲学者そして社会学者としての道を歩んだ。戦後一貫して、国内の各種メディアに登場する機会も多く、一九七〇年代には、すでに言論人として、業績・実力ともに申し分のない人物と見られていた。ジョン・デューイ、パール・バック、柳田国男などの作家や思想家と長年渡り合ってきた鶴見にとって、六十歳近くでの南方熊楠との出会いは、遅いと言えばまことに遅い、と感じられたとしても無理はない。

しかし、この「はしがき」以降の『地球志向の比較学』の本篇を読み始めると、およそ「晩学」という言葉とは似つかわしくない一気呵成な若々しい筆遣いに圧倒されることになる。その筆致は、時に気恥ずかしいほどの情熱のほとばしりとともに、南方熊楠という、自分の学問を代弁してくれる対象を見つけた知的興奮の瞬間を活写していく。その過程を体験すると、最初に記された「晩学」という言葉が、一種のアイロニーとさえ感じられてくる。それほどまでに、『地球志向の比較学』は鶴見の発見の瑞々しい悦びを感じさせるものとなっているのである。

あるいは、鶴見自身がこの奇跡的な出会いに関して、むしろ自分自身でも新鮮な驚きを感じていた、と言うこともできるだろう。同時代の日本女性の知性面での代表としての期待に応えて、学問的成果を挙げてきた鶴見が、人生も半ばを過ぎた頃にこれほどの思想的な衝撃を受ける出会いを経験するということに対しては、実のところは本人がもっともびっくりしていたとしてもおかしくはない。

では、南方熊楠との出会いのどのような点が、鶴見にとってそれほどまでに刺激的だったのだろうか。最初の章において、鶴見は南方熊楠の「学問の目標」として、柳田国男との比較を通じて『東国の学風』の創出」「対決をおそれぬ精神」「英文と日本文の文体のちがい」の三点を挙げている。「東国の学風」は、南方と柳田が二十世紀初頭の日本人が持つべき学問態度として共鳴した言葉である。それに対して「対決をおそれぬ精神」では、南方と柳田の違いについて述べ、柳田は自分が西洋から受けた影響をややもすれば隠し、韜晦しようとすることで対立を未然に避けているのに対して、南方がいかに西洋と真正面から渡り合おうとしたか、ということについて論じている。

鶴見は南方の思想の跡を「地球志向の比較学」と位置づけ、柳田との比較において南方の持つ人間存在の本質へとまっすぐに向かう学問姿勢を評価した。二十歳での渡米以来、同時代の日本人の先頭を切るようにしてアメリカでの学問的挑戦を続けてきた鶴見の言葉として、この西洋との「対決をおそれぬ精神」という言い方は実に強烈である。その言葉は、一九四一年に日本の中央の学界とは隔絶した場所で没した南方の学問の可能性を、時代の制約に「縛られた巨人」として見る観点から解き放つ力を備えていた。南方熊楠の学問に対する根本的な態度の転換を促したという意味で、鶴見のこの議論はたしかに研究の歴史を変えたと言うことができるだろう。

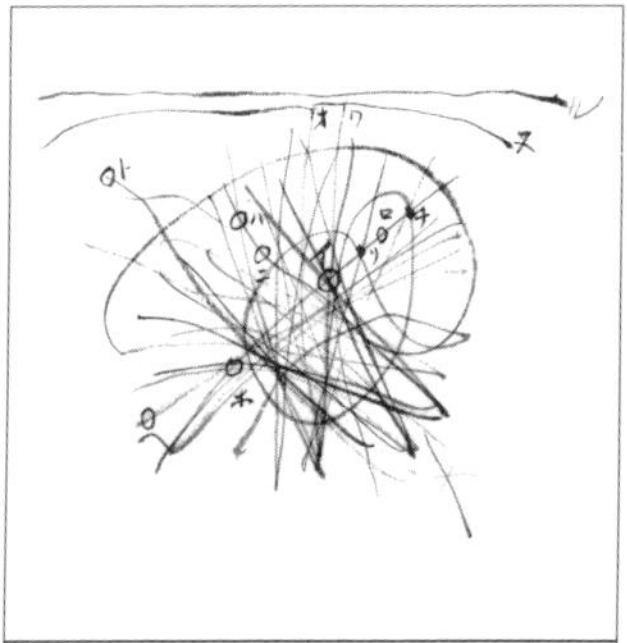

▲南方曼陀羅（南方熊楠の 1903 年 7 月 18 日付土宜法龍宛書簡より）

新資料の発掘・整理を受けて

南方熊楠に関する理解は、一九四一年の没後、資料の解読とともに段階的に進んできた。最初の展開は一九五〇年の乾元社版全集の刊行で、主に雑誌などに発表された熊楠の論考を集めたものであった。次の契機は一九七〇年から七五年にかけて出版された平凡社版全集で、生前に発表された論考だけでなく、土宜法龍宛などの主な私信がまとまったかたちで読めるようになり、これによって南方熊楠という人物の全体像について、輪郭がかなりつかめるようになってきた。

鶴見和子の『地球志向の比較学』は、主にこの平凡社版全集に依拠しながら、それまでの南方熊楠理解を大きく塗り替えるものであった。しかし、『地球志向の比較学』出版からすでに三十七年が経ち、現在では南方に関する研究の状況が様変わりしたことも、また事実である。まず、一九九〇年代以降の南方旧邸の悉皆調査やさまざまな出版を通して行われてきた、資料的な面での拡充による部分が大きい。これにより、平凡社版の全集では読み取りきれなかったような、南方の生涯の中でのさまざまな機微や、学問的文脈がかなり明瞭になってきた。特に、鶴見は「問答形式の学問」という言葉で、海外や日本で繰り広げられていた南方と他者とのやりとりの重要性を予見していたが、当時の資料的な制約から、なかなか細かい内情までは立ち入ることができなかった。こうした面に関しても、すべてとは行かないまでも、格段に多くの資料が使える状況になってきている。

こうした資料面での充実を受けて、南方に関する研究は、この二十年ほどの間に格段に層が厚くなりつつある。国内外の他の重要な作家・思想家ならば当然であるはずの「事実」に基づく実証的な研究が、ようやく南方についても主流となってきたと考えられるのである。

鶴見和子の研究は、まさにこのような実証的な南方熊楠研究への最初の扉を開いたものとして評価すべきものである。その一方で、現在や今後の研究状況の進展の中で、鶴見の南方研究はどのようにとらえ直され、乗り越えられていくのであろうかという疑問も生じてくる。一言でこの問題に答えようとするならば、それは一九七〇年代から九〇年代という、彼女の南方研究が活発におこなわれた時期の「時代性」がますます浮き彫りとなってくる、ということであろう。

たとえば、鶴見が高度経済成長の中、あちこちで起きていた公害問題の縮図である水俣病を調査した際の苦闘から、南方熊楠の神社合祀反対運動の再発見へとたどりついたことには、歴史的な意義があった。その一方で、こうした発見の道筋が、南方の行動を公害反対の市民運動のさきがけのようにとらえる、その後のやや一方的な理解の傾向を作り出したという側面も否定できないところがある。

「南方曼陀羅」に関しても、粘菌研究に関しても、大幅に拡充された現在の関連資料からは、南方の思想の全貌をとらえるためには『地球志向の比較学』が示しているものより、さらに大きな射程が必要であることがわかってきている。一九七〇年以降に鶴見が開拓した実証的な南方熊楠の研究の流れは、数十年を経てようやく鶴見の議論自体を相対化できるところにまでたどり着きつつある。

「内発的」研究を継ぐ

しかしそのことは、今後、鶴見の『地球志向の比較学』が読まれなくなる日が

事故二〇年を控えた二〇〇五年九月、「チェルノブイリ・フォーラム」は、ロンドン、ウィーン、ワシントンおよびトロントで、『チェルノブイリが招いた重大な結果――医学的影響、生態学的影響および社会経済学的影響』と題する報告書を公表し、世界に喧伝した。

▒医療援助を二〇年間続け、被災地の実態を調べた「子どもたちへの支援開発基金」(CCRDF)の告発

しかし、この報告書に対し、客観的に科学的な信頼がおけるのか、国際社会から大きな疑問が提起された。アメリカの非政府組織(NGO)「チェルノブイリの子どもたちへの支援開発基金」(CCRDF)は、二〇年間医療援助を続け、調査報告書『チェルノブイリの長い影――チェルノブイリ核事故の健康被害』を発表した。そして、「IAEAとその専門家たちは、何一つ実証を行わないまま、結論を下した」と指弾し、そのチェルノブイリ・フォーラムの下した九項目の結論を誤りであるとして、次のように列挙した。

▒甲状腺がん急増さえ予測できず、白血病・悪性腫よう・心血管疾患など、放射線との関係も否定した「チェルノブイリ・フォーラム」

(一)小児期の白血病の増大は、チェルノブイリ事故によるものではない。
(二)悪性腫よう(がん)の発症数が、今後著しく増大することはない。
(三)事故処理作業員と汚染地域の居住者にみられる、腫よう学上の疾患の発症率と全死亡率は、他の地域集団の類似指標を上回っていない。
(四)心血管疾患と放射線被ばく量の増大との間に、何らかの関係があることを示す証拠はない。

（五）人間、動物、植物の遺伝的健康には、いかなる障害も認められない。
（六）事故に関わった事故処理作業員に生じたのは、免疫学的疾患のみである。
（七）放射線被ばくは、子どもの健康に何ら直接的な影響を及ぼしていない。
（八）被災三カ国（ウクライナ、ベラルーシ、ロシア）で、一九九二〜二〇〇〇年に記録された甲状腺がんは、四千例だった（実際には、この期間中に甲状腺がんの手術を受けた子どもは、ウクライナだけでも三千例を上回っていた）。
（九）事故のいちばん重大な健康問題は、集団の心理的健康に及ぼす影響である。

なお、「チェルノブイリの子どもたちへの支援開発基金」（ＣＣＲＤＦ）は、被災地の子どもたちの生命を守ろうと、一九九〇年に設立された。過去約二〇年間にわたり、ウクライナの協力病院（三一カ所）と孤児院（三カ所）に対し、空輪（三二回）と海上輸送（一八回）を実施し、六三〇〇万ドル（約六三億円）にのぼる医療援助を続けてきた。

■被ばくの悪影響を受けやすい、子どもと母親の医療に重点を置いたＣＣＲＤＦ

子どもと母親は、特に放射線被ばくの悪影響を受けやすい。だから、この医療援助は、胎児や新生児の障害発生時に迅速に対応する「周産期医学」をはじめ、新生児医学、小児心臓外科、小児腫よう医学といった、子どもと女性の生命と健康を守る上で欠かせない医療分野に重点を置いた。

また孤児院で暮らす障害児には、栄養摂取、教育、理学療法を通じ、生活の質の向上に努めた。

ＣＣＲＤＦは一九九〇年に、ウクライナのリヴィブ地域に小児科医院で最高水準の血液診療研究所を設立した。この研究所は一九九七年、国際査察チームから東欧で最も優れた研究所に認定された。

ウクライナの首都キエフの救急病院と外傷センターに、初の磁気共鳴画像診断装置（ＭＲＩ）を導入し、一九九四年以降、一万一〇〇〇人以上の患者が診断を受け、数百人の悪性腫ようが見つかり、摘出手術を受けた。また、白血病や甲状腺がんを発症した小児数百人に、薬物治療と術後の薬物投与を施した。

ウクライナのドニプロペトロウシク、ルーツィク、オデッサ、ポルタバなど一一カ所の新生児集中治療室に人工呼吸器、搬送用保育器、パルス酸素飽和度計などの高度救命装置を導入した。

小児科、腫よう学をはじめ、外科学、臨床生化学および新生児集中治療の五分野のウクライナ人医師に対し、実務研修や上級セミナーを実施した。「新生児医学の手引き」のウクライナ語版を初めて出版し、ウクライナ全域の新生児医学の専門家たちに数千部を配布した。

さらにＣＣＲＤＦは、チェルノブイリ原発事故災害の影響に関する国連フォーラムで専門家として証言している。ＣＣＲＤＦの創設者は、人道的功績が認められ、ウクライナの名誉勲章も受章している。

勇気ある医師・科学者の調査研究の成果『チェルノブイリの長い影――チェルノブイリ核事故の健康被害』

ＣＣＲＤＦの『チェルノブイリの長い影――チェルノブイリ核事故の健康被害』は、こうした幅広い医療援助活動の現場で、勇気のある多くの医師や科学者が長年にわたり診療、分析、収集したチェルノブイリ事故の影響に関する科学的な調査研究の成果だ。

執筆のペンを揮ったのは、ウクライナ国立軍事医学研究協会の上級研究員を務めるオルハ・Ｖ・ホリシュナ博士である。

この報告書の前文で、ＣＣＲＤＦのアレキサンダー・Ｂ・クズマ常任理事は、「チェルノブイリの長期的な影響には取り合うな、重要だと考えるなと、ベラルーシとウクライナの科学者や医師たちは極めて大きな圧力をかけられた。要求を拒否したベラルーシの科学者が公然と嫌がらせを受け、拘置された」と当局に抗議している。

同理事は「チェルノブイリの健康影響は今後さらに増大し、その悪影響についてすべては予測できない。被ばくした両親から生まれた乳幼児の第一世代には、今まで先天性異常は出現しないと考えられてきた。しかし、本報告書のデータでは、人体に極めて大きな異常をもたらすことが明らかになっており、その範囲と潜在能力は侮ってならない」と、放射線による遺伝の可能性を示唆した。

その上で、クズマ理事は「本報告書は、コンピュータモデルや自称専門家、ロビイストの漠然とした予測に基づいたものではなく、実際のチェルノブイリの生存者に関する大規模な独自の調査に基づいたものだ」と釘を刺している。

■国際社会を誤った楽観論に導き、公衆衛生を脅かす「チェルノブイリ・フォーラム」

前述の「チェルノブイリ・フォーラム」の二〇〇五年報告書『チェルノブイリが招いた重大な結果』は、IAEAが同フォーラムに対し、予め選定した学術誌だけに収載された学術論文を検討するように要求し、各専門家は限られた情報に依存せざるを得なかったと指摘。

放射線被ばくの健康障害に関する否定的かつ楽観的な同フォーラムの諸結論に対し、前述のオルハ・V・ホリシュナ博士（ウクライナ公共公衆衛生センター理事も兼務）は、「IAEAと『チェルノブイリ・フォーラム』の出した結論は、実態にそぐわず、我々の研究とは相容れない」と批判している。

その上で同博士は、「チェルノブイリ・フォーラム」は①国際社会を誤った楽観論に導こうとしている②被災者保護の正当性を否定し、公衆衛生を脅かす恐れがある③放射線の健康影響、疾病予防、治療に貢献した多くの国の科学者による調査研究の結果を全面的に無視している、と告発している。

■被災三カ国の科学者の告発『チェルノブイリ被害の全貌』
――真相究明を妨げる広島・長崎、チェルノブイリの機密指定――

一方、チェルノブイリ原発事故の主要被災国であるベラルーシ、ロシア、ウクライナ三カ国の四人の科学者も立ち上がり、二〇一一年五月に調査研究報告『チェルノブイリ被害の全貌』を著わし、それまで二五年間、隠蔽されていた同原発事故の数多くの真相を公表し、「チェルノブイリ・フォーラム」や旧ソ連政府などの取り組みを厳しく告発した。

この良心的な四人の科学者は、ベラルーシ放射線安全研究所（ベルラド研究所）のアレクセイ・V・ネステレンコ教授、ヴァシリー・B・ネステレンコ教授（故人）、ロシア科学アカデミーのアレクセイ・V・ヤブロコフ博士およびウクライナのナタリヤ・E・プレオブラジェンスカヤ氏の四人である。

四科学者は、①原子力産業と関わる専門家は、統計的に確かな証拠はないと権威的に宣言する一方で、公式文書では事故後一〇年間に甲状腺がんが予想外に増えたことを認めている②ベラルーシ、ロシア、ウクライナ三カ国の汚染地域では、事故の前年（一九八五年）以前は八割の子どもが健康だったが、今日では二割に満たず、重度汚染地域では健康な子どもは一人も見つからない、と指摘している。

このように専門家の評価が食い違う理由について、四科学者は、一部の専門家が放射線疾患の結論を出す際に、①疾患の発生数と被ばく線量の相関関係が必要であり、②広島・長崎原爆の被爆者と同様に、放射線の総量に基づいて算出するしかないと考えているからだ、と指摘する。

さらに四科学者は、①チェルノブイリ原発事故の被ばく線量の計測は最初の数日間は皆無で、数週間から数カ月後にやっと開始されたが、実際の数値はその計測値より一千倍も高かった可能性があり、結論を出すのは不可能で、②広島・長崎原爆の投下直後の四年間、調査研究が禁止され、この間に最も衰弱した一〇万人以上が死亡しており、チェルノブイリ原発事故後にも死者が出ていることを挙げている。

実際のところ、チェルノブイリ原発事故では、旧ソ連当局が医師に疾患を放射線と関連付けることを公式に禁止し、広島・長崎原爆で行われたように、チェルノブイリでは当初の四年間はすべてのデータが機密指定されたのである。

▩チェルノブイリの最大の被害者は、事故処理作業員、子ども、そして妊婦

チェルノブイリ原発事故の健康被害について、ＣＣＲＤＦは、事故処理作業員、子どもおよび妊婦が最大の被害者であることは、議論の余地のない事実だとし、ほぼ統一的な見解として、ウクライナ、ベラルーシ、ロシア（南西部）の子どもおよび大人の甲状腺がんと内分泌系の疾病が激増した原因が、事故数日後に広範囲に放出された放射性ヨウ素131にあると断定している。

甲状腺は、放射線の悪影響を極めて受けやすい。チェルノブイリ原発事故後、放射線の専門家たちは、一五年後に甲状腺がんが少し増えると甘い予測をしていた。だが、実際には四〜六年後に急増した。一九九三年九月に、ベラルーシにおける子どもの甲状腺がんの発症率が、平常時の八〇倍に急増したことが明らかに

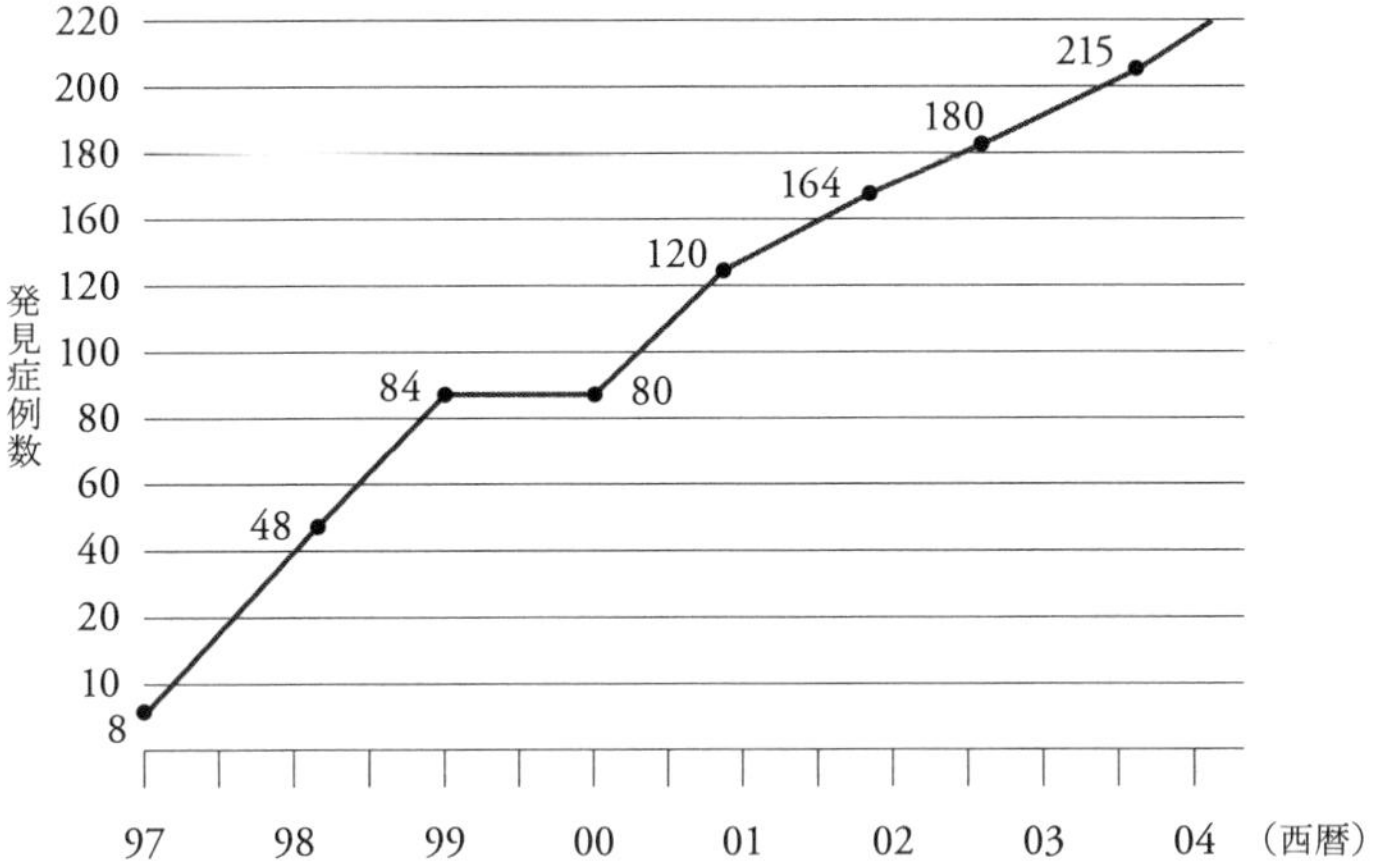

（出所：国際赤十字・赤新月社連盟「チェルノブイリ事故 20 年」）

図 5-1　チェルノブイリ事故の甲状腺がんの発見症例（1997 〜 2004 年）

なった（イギリスの科学誌『ネイチャー』）。また、その後の急上昇は、国際赤十字・赤新月社連盟の報告でも示されている（図5―1）。

CCRDFがウクライナ保健省・医学統計センターの健康状態に関するデータを比較解析した結果、一九九二〜二〇〇〇年に、ウクライナ国内の避難した子どもの甲状腺がんは、一九八七年と比べ六〇倍も激増した。同じ期間に、ウクライナ全体の子どもの甲状腺がん増加率は一〇倍だった。一方、ベラルーシの汚染区域内と周辺の子どもの甲状腺がんは、WHOなど各機関の研究によると、一九九六年にはさらに九〇倍に激増した。

原子力を推進する国際原子力機関（IAEA）と「チェルノブイリ・フォーラム」の国連機関をはじめ、多くの放射線医学の研究機関にとって、チェルノブイリ原発事故後一〇年間に起きた急激な甲状腺がんの増加は、まさに想定外の出来事だったのである。

▒甲状腺がんの低い予測は、コンピューター計算と広島・長崎原爆の研究例から

ＣＣＲＤＦは、「これらの研究機関では、コンピューターによる分析・計算と、広島・長崎の原爆被災者の研究例から、甲状腺がんについてより低い数値を予測しており、被ばくから一五〜二〇年後まで発症しないと考えていた。これらの機関は一九九〇年代終わり頃まで、自分たちの予見を擁護し、甲状腺がんの増加を否定し続けた」と厳しく批判した。

さらに、ＣＣＲＤＦは「ＩＡＥＡの最近の報告では、わずか四千人が新たにがんで死亡すると試算したが、これも同様に誤った想定であり、機関側の偏見、限られた情報から導き出されたものだ。こうした想定は今後、長期にわたる慎重かつ公正な研究によって書き換えなければならない」と告発している。

ロシアのヤブロコフ博士は、前述の調査研究報告『チェルノブイリ被害の全貌』で、「数多くの公式予測に共通する結論はひとつだけある。どの予測も例外なく楽観的だったこと、すべての予測がチェルノブイリ事故に起因する甲状腺がんの症例数を過小評価していたのである」と述べている。

▒白血病を被災三カ国は公式記録から除外、汚染地域の子どもは二〜四倍高く発症

ヤブロコフ博士はさらに同報告で、「チェルノブイリ事故から三年間、機密主義とデータ改ざんにより、ウクライナ、ベラルーシおよびロシアで無数の白血病症例が、いかなる公式登録簿にも記録されなかった」と告発している。

チェルノブイリ事故後の何年間も、各国の科学者は被災者の白血病やリンパ腫の顕著な増加が見られないと主張してきた。

しかしCCRDFが、ウクライナ国内で、汚染地域（ジトムィール）と事故以前に発生率が最高の地域（ポルタバ）とを比較診断した結果、子どもの新たな発症者は、汚染地域の方が白血病で二倍、急性リンパ性白血病で四倍も高く、血液サンプルに被ばくによる遺伝子への影響が見られた。

事故処理作業員、避難住民および汚染地域居住者に生まれた子どもたちの血液や造血器官の疾病は、他のウクライナ地域の子どもの二・〇〜三・一倍高い。

▒「低線量被ばく」は流産や先天性欠陥に影響

チェルノブイリ原発事故との関連性が最も大きい問題の一つとして、低線量の放射線が妊婦や胎児の発達に及ぼす影響、特に先天性欠陥の発生頻度や原因との関わりが指摘されている。

CCRDFによると、ウクライナ小児科学・産科学・婦人科学会研究所は、英ブリストル大学との共同研究によって、チェルノブイリ事故後の全期間における妊娠女性の胎盤に蓄積した放射性核種の濃度を調べることが出来るようになった。

この共同研究では、低線量の電離放射線に汚染されたウクライナの地域に住む妊婦を対象に、大規模な臨床スクリーニングを実施した。この結果、妊婦の胎盤と、その子どもの臓器（管状骨や歯胚など）に、アルファ放射性核種やホットパーティクル（ウランなど高放射性微粒子）が含有していることが明らかになった。最近、放射線量の高い集落に住む母親の死産児の骨組織に、アルファ放射性核種と粒子の含有量が増大している。

ウクライナとベラルーシの研究では、汚染地域に住む女性は、汚染の少ない地域と比べて、流産や妊娠合併症、再生不能性貧血、早産などを起こす割合が著しく高い。

汚染地域に住む子どもたちの障害は、汚染の少ない地域の子どもとは異なり、リンパ系と骨髄がん、中枢神経や呼吸器系の疾病が頻発し、非汚染地域では精神異常や行動異常、神経系の疾患が起こりやすくなっている。

多くが二十代だった事故処理作業員が四十代で死亡する割合は、一般のウクライナ労働人口の死亡率の二・七倍以上も高い。

■「内部被ばく」はごまかせ、と命令された旧ソ連時代の医師たち

ＣＣＲＤＦによると、旧ソ連時代の末期には、医師たちは死因や死に至る要因として、放射線被ばくと診断することを禁止されていた。さらに全身被ばくと「内部被ばく」はごまかすように医師たちは命令を受けていた。現時点の試算では、事故処理作業員の死亡率は、二〇一〇年までに二一・七％に達する。

ウクライナ、ベラルーシ全土において、事故後に新生児の先天性欠陥や深刻な障害が顕著に増加した。これらの障害は口蓋裂、多指欠指症、欠肢奇形をはじめ、内臓欠如、眼腫よう、脊髄披裂、複数の先天性欠損である。

また、被ばく地域の子どもたちの骨や筋細胞の疾患が著しく増加し、ウクライナ国内の非汚染地域と比べ、骨折が五倍、筋力や運動能力の障害が三・三倍、それぞれ増加した。代謝に悪影響を及ぼす子どもの特定ミネラルの欠乏も見られた。

汚染地域出身の母親から生まれた子どもたちは、汚染の少ない地域の子どもと比べ、運動能力、反射能力をはじめ、注意力、記憶力の発達が遅れ、神経系の働きが弱い。

▒顕著になった子どもの遺伝子、染色体異常

ロシアの硬骨漢の科学者ヤブロコフ博士は、前述の調査研究報告『チェルノブイリ被害の全貌』で、「チェルノブイリ事故の放射性降下物に汚染された全地域で、染色体異常の発生率が、有意に（ある結果が単に偶然に起きたとは考えにくいほど）高い」と警告する。

染色体の突然変異は、一九八〇年代まで行われていた大気圏内核実験によって、すでに世界中でその発生数増加が認められていたが、チェルノブイリの放射性降下物が、発生数をいっそう押し上げたという。

同博士によると、ベラルーシでは、放射線量の高い地域に住む子どもたちの染色体異常細胞の出現率が比較的高く、事故発生時に六歳未満だった子どもに遺伝的変化が広くみられる。ウクライナでは、三歳までに被ばくした五千人以上の小児の検査で、事故直後から数年間に染色体異常が増加した。ロシアでも、子宮内で被ばくした子どもは、染色体異常細胞の出現率が有意に高く、汚染地域の子どもの大多数は、遺伝子本体のＤＮＡの修復力が低下している。

ヤブロコフ博士は「先天性の奇形と発生異常全体の五〇〜九〇％は、突然変異により生じると推定され、異常をもった新生児の誕生は、チェルノブイリの追加被ばくの影響など、遺伝性疾患の存在を明らかにする可能性がある」と指摘する。

遺伝性の発生異常は六千種類以上が知られているが、医療統計では最もよく見られる約三〇種類の先天性発生異常しか考慮されていない。

▒子どもの頃に被ばくした女性の妊娠率は二六％

ＣＣＲＤＦも、「事故後、遺伝子障害をもって生まれる新生児が毎年数例あり、特定のグループから発症している点から母体の被ばくとの関係は深いと考えられ、事故処理作業員とその子どもの染色体異常が顕著なことが、複数の研究データで示されている」としている。

ウクライナとベラルーシでは、幼い頃の被ばくが、女児の将来の生殖機能に悪影響を与えてきた。ウクライナ小児科学・産科学・婦人科学研究所の一四年間にわたる産科患者の記録によると、被ばく地域では、実に妊婦の七五％近くが妊娠合併症を患っていた。被ばくした妊婦のうち、三三％が二次性の欠乳症（授乳期の母乳の減少）を経験している。非汚染地域の女性の妊娠率が六四・五％であるに対し、子どものころ被ばくした女性の妊娠率は、二五・八％と非常に低い。

事故直後、子どもの間で免疫機能不全と関わる特定の疾病が増加した。低線量被ばくによる染色体異常と疾病の誘発が憂慮される折、免疫力の低下はとくに危険だ。臨床医たちの研究では、一九九二〜二〇〇〇年に、汚染地域から避難した人々のがんの発症率が、一九八七年と比べ六五倍に、また甲状腺がんは六〇倍に激増している。

チェルノブイリ原発事故以降の最も重要な課題として、ＣＣＲＤＦは「放射性降下物に被ばくした両親の子孫に起こり得る、細胞遺伝学的な影響または遺伝性の突然変異を監視する」重要性を挙げる。

遺伝に重要な役割を演じる染色体は、放射線の被ばくに危険なまで敏感に反応する。フランス、ウクライナ両国の科学者の共同研究によると、放射線の高い地域に居住する子どもには、染色体異常を誘発する有害因子が増大している。

■子どもの染色体関連の疾病発症は三倍も高い

ＣＣＲＤＦによると、チェルノブイリの子どもたちの染色体に関連する疾病発症率は、ウクライナ全体の子どもと比べ三倍も高い。

事故処理作業員、避難民、汚染地域に住む親たちから生まれた子どもの染色体関連の疾病発症率も、同様に二・七倍上回る。これらの親の子どもは、造血系器官の疾病発症率が、ウクライナ国民より二〜三倍高い。

低線量の被ばくは集積すると、私たちの健康に大きな危険を及ぼす。チェルノブイリ事故直後、最も差し迫った問題は、低線量被ばくが妊婦を通じて体内の子どもの生命にどのように関わり、子宮内の胎児の発達や先天性異常にどんな影響を与えるかという点にあった。ベラルーシとウクライナの研究では、汚染地域の妊婦は通常の線量の地域より、妊娠合併症の発症率が非常に高かった。

■事故処理作業員の子どもにも遺伝的悪影響を確認

被ばくした事故処理作業員の子ども（第二世代）にも、低線量の電離放射線による遺伝的悪影響が確認された（イタリア国立研究評議会の実験医学研究所、モルドバ国立予防医学実習センター）。

電離放射線は、低量であっても遺伝子の本体である鎖状のＤＮＡを分解・破壊したり、再構成したりして、様々な異常や疾患、疾病を引き起こす。ベラルーシ国立科学アカデミー遺伝学・細胞学研究所は、世代を超えた体細胞変異や胚死亡の増加を確認した。

さらにアメリカの出生異常予防協会とウクライナの研究チームは、ウクライナで新生児の先天性奇形の発症率を調査し、下あごなどの欠損児や耳頭症の新生児など、極めてまれな出生異常を多数の事例を見つけている。

■「チェルノブイリの孫世代」に迷惑な負の遺産――生命と健康への脅威

このような遺伝子や染色体異常の結果、私たちのからだに何が起こるか。ＣＣＲＤＦは、動物実験による発見と前置きして、「体細胞の突然変異と胚死亡は徐々に増加し、世代を経るごとに倍増し、加速していく」と、次のように警告する。

「人間においても、チェルノブイリ原発事故の影響は、世代を経るにしたがい、激しくなると想定できる。私たちは今や、『チェルノブイリ事故の孫世代』という新たな世代の出現を目の当たりにしている。この世代は染色体異常や免疫不全、そのほか放射線被ばくの解明されていない生命と健康への脅威という、迷惑な負の遺産を受け継がなければならないのである」。

■健康への影響を否定するＩＡＥＡとＷＨＯ、科学的な論拠で反証する科学者グループ

チェルノブイリ事故が引き起こした遺伝子、染色体変異について、国際原子力機関（ＩＡＥＡ）と世界保健機関（ＷＨＯ）は、前述の報告書『チェルノブイリが招いた重大な結果』で「これらの変異はいかなる点においても、健康状態に影響を与えない」と記し、紋切り型で教条的な姿勢を崩していない。

これに対し、ヤブロコフ博士は、調査研究報告『チェルノブイリ被害の全貌』で、「それは科学的に見て真実ではない。血液中の細胞で観察される染色体の変異は、遺伝的および個体発生的な過程に対する総合的

な損傷の反映とみなせるからだ」とし、「染色体異常の発生率と数多くの病態の間には相関がある。チェルノブイリの汚染地域には、そうした関係を示す例が数多く認められる」と反論している。

ヤブロコフ博士は、この具体的な反証として一九九六年から二〇〇六年までの科学者一三人による研究論文を、下記の一三項目にわたって付記している。

（一）原発事故作業員の八八％に見られる染色体異常細胞の出現率は、精神病理学的疾病や続発性免疫抑制の重症度と符合する。

（二）染色体異常細胞の出現率は、精神病理学的症状を患う人に目に見えて高く、染色体異常細胞の出現率は無力症や強迫恐怖症候群を患う人に明らかに高い。

（三）染色体異常および染色体の部分交換の出現率と、先天性発生異常との間には、相関がある。

（四）染色体切断の発生率は、甲状腺機能低下や胚発生に関係する多くの奇形と相関がある。

（五）染色体異常のある細胞、対断片（断片が二個）、環状染色体および染色体切断の出現率は、新生児における免疫制御失調の発生率と符合する。

（六）新生児異変で定義づけられる先天性奇形の発生率は、汚染値が五五万五〇〇〇ベクレル（一m²あたり）以上の地域で有意に高い。

（七）染色体異常数などの出現率は、甲状腺がんを患う子どもにはかなり高い。

（八）放射能汚染地域に住む人は、腫よう細胞だけでなく、正常な組織でも染色体異常細胞の出現率が高い。

（九）精子の構造異常の発生率と、染色体異常の発生頻度には相関がある。

（一〇）染色体異常の発生状態が異なる原発事故作業員で、抗酸化物質の活性度と染色体異常細胞の出現率に相関が見られる。

（一一）熱性感染症の罹患率と染色体異常の発生率には、相関がある。

（一二）ブリャンスク州とトゥーラ州の汚染地域で、異常細胞および多重異常細胞の出現率と子宮筋腫の発達に相関が見られる。

（一三）原発事故作業員に見られる心血管および胃腸疾患の発生率には、染色体異常細胞の出現率と相関がある。

福島第一原発事故の翌月二〇一一年四月、チェルノブイリ原発を自国領土内に抱えるウクライナの首都キエフで「チェルノブイリ事故後二五年——未来へ向けての安全」と題する国際科学会議（主催＝ウクライナ政府）が開催された。

この国際会議は、ベラルーシ、ロシア両政府および欧州委員会、欧州評議会、フランスの放射線防護・核安全研究所（IRSN）、ドイツの技術・核安全協会（GRS）の六政府・組織が共催した。さらにIAEA、国連開発計画（UNDP）、国連児童基金（ユニセフ）、世界保健機関（WHO）の国連の四機関も参加した。

しかし、〝国際原子力ムラ複合体〟は、こうしたCCRDFや被災三カ国の科学者グループなどの長年にわたる貴重な調査研究成果に対し、科学的な論証を提示して真摯に応えることが出来ず、虚構の論理で塗り固めた〝国際原子力ムラ複合体〟への不信は高まる一方である。

第6章　福島原発のほうが格段に高い、帰還居住区域の放射線被ばく線量

■「被災者の社会的保護」を目的に掲げたロシアのチェルノブイリ法

チェルノブイリ原発の過酷事故は、子どもや女性、事故処理作業員など被災者の生命と健康に、筆舌に尽くしがたい多大な被害をもたらした。その二五年後に過酷事故が再発した福島第一原発の被災者救済対策は、チェルノブイリの先例から法制度の取り組み方について学ぶべき点が多い。チェルノブイリ原発事故（一九八六年）から五年後（九一年）に旧ソ連が崩壊し、新たにロシア連邦法「チェルノブイリ法」が制定された。

この法律の正式名称は、「チェルノブイリ原発事故の結果、放射線被害を受けた市民の社会的保護について」と言い、法律の目的を「被災者の社会的保護」に置いている点が大きな特徴である。

旧ソ連時代にも、放射線の安全基準や産業災害の被害補償を定めた法規は存在した。しかし、放射能汚染のもたらした社会・経済的な被害と影響はあまりにも大きく、民法の定める範囲では被災者を社会的に保護し、被害を補償することは不可能であり、国としてチェルノブイリ原発事故に特化した個別のチェルノブイリ法を制定し、対処しなければならなかったのである。

▒被災地と被災者を明確化、年間被ばく一ミリシーベルト以上が防護策と被害補償の基本指標

チェルノブイリ法は、放射能汚染地域（被災地）および被災者を明確にして法的に位置づけ、具体的な補償や支援を定めた法律であり、全七部（四九条）で構成されている。

同法は、第一部総則の第六条で「被災地における住民の居住条件を定めるにあたり、住民の被ばく線量レベルを、防護策の実施と被害補償の必要性決定の基本指標とする」とし、第二部の第七条で、被災地四地域の区分を定めている。

住民の被ばく線量レベルについて、総則の第六条は「一九九一年以降、住民の平均実効線量が年間一ミリシーベルト（mSv）を超えない場合、何らかの介入を必要としない許容値とする」とし、これを超えた場合、防護策を実施するとしている。同法では、チェルノブイリ原発事故から放出された放射性物質の一定レベルの汚染を受けた地域を「被災地」と定めている。

だから、強制避難した三〇km圏の外側であっても、①住民の平均実効線量（年間）が一ミリシーベルト②土壌の放射性セシウム137濃度が三万七〇〇〇ベクレル（Bq）（一m²あたり）を、それぞれ上回る地域は「放射能汚染地域」、つまり「被災地」と規定されている。「被災地」に認定された地域の住民には、補償が約束される。

▒被災地は四地域、三〇km圏外は被ばく線量と放射性セシウムの土壌汚染濃度で仕分け

被災四地域の区分は①原発から半径三〇km圏内の「疎外地域」②「退去対象地域（強制移住地域）」（放射線の

郵便はがき

料金受取人払

牛込局承認

7198

差出有効期間
平成29年6月
21日まで

162-8790

東京都新宿区
早稲田鶴巻町五二三番地

（受取人）

株式会社 藤原書店 行

ご購入ありがとうございました。このカードは小社の今後の刊行計画および新刊等のご案内の資料といたします。ご記入のうえ、ご投函ください。

お名前	年齢

ご住所 〒
TEL　　　E-mail
ご職業（または学校・学年、できるだけくわしくお書き下さい）
所属グループ・団体名　　　連絡先

本書をお買い求めの書店		
市区郡町　　　書店	■新刊案内のご希望	□ある　□ない
	■図書目録のご希望	□ある　□ない
	■小社主催の催し物案内のご希望	□ある　□ない

書名

読者カード

●本書のご感想および今後の出版へのご意見・ご希望など、お書きください。
（小社PR誌『機』に「読者の声」として掲載させて戴く場合もございます。）

■本書をお求めの動機。広告・書評には新聞・雑誌名もお書き添えください。
□店頭でみて　□広告　□書評・紹介記事　□その他
□小社の案内で　（　）（　）（　）

■ご購読の新聞・雑誌名

■小社の出版案内を送って欲しい友人・知人のお名前・ご住所

お名前

ご住所　〒

□購入申込書（小社刊行物のご注文にご利用ください。その際書店名を必ずご記入ください。）

書名　冊	書名　冊
書名　冊	書名　冊

ご指定書店名

住所

都道府県　市区郡町

表6-1　チェルノブイリ原発事故の被災地4地域（ロシア）

区　域	被ばく線量
(1) 疎外地域	半径30km圏内は居住禁止
(2) 退去対象（強制移住）地域	年間5ミリシーベルト以上
(3) 移住権付き居住地域	年間1ミリシーベルト以上
(4) 特恵的社会・経済ステータス付き居住地域	年間1ミリシーベルト以下

実効線量が年間五ミリシーベルト以上）③「移住権付き居住地域」（同一ミリシーベルト以上）④「特恵的社会・経済ステータス付き居住地域（放射線管理強化地域）」（同一ミリシーベルト以下）となる（**表6―1**）。

①の疎外地域は、居住が禁止されている。②の退去対象地域は、一部は強制避難地域だが、居住と移住権が認められる。③移住権付き居住地域は、一定の地域で居住権が認められる。④の特恵的社会・経済ステータス付き居住地域は、一定の社会支援が実施される。

ただし、この四汚染地域の分類は、一般に紹介されている区域分類より、分類がきめ細かい点を注意する必要がある。

つまり、半径三〇km圏内の「疎外地域」を除く三地域は、年間放射線量だけでなく、もう一つ放射性セシウム137の土壌汚染濃度をそれぞれ加味して、地域を仕分けているという点だ。

一九九一年以降、セシウム137の土壌汚染濃度が三万七〇〇〇ベクレル（一m²あたり）を上回る地域は「汚染地域」と認定されることになった。また移住権のある地域は、同じく五五万五〇〇〇ベクレル以上の地域となり、一四八万ベクレル以上の地域は、移住が義務付けられている。

被災地四地域の土壌汚染濃度は、「強制移住地域」が五五万五〇〇〇ベクレル以上（一m²あたり）、「移住権利地域」が同一八万五〇〇〇～五五万五〇〇〇ベクレル、「放射線管理強化地域」が同三万七〇〇〇ベクレル以上となっている。

■福島第一原発は避難三区域、被ばく安全基準を年間二〇ミリシーベルトに引き上げ

これに対し、日本の福島第一原発事故（二〇一一年三月）では当初、原発から半径二〇km圏内を強制避難の「警戒区域」とし、別に「計画的避難区域」（年間の実効放射線量二〇ミリシーベルト以上）と、「緊急時避難準備区域」（半径三〇km圏内）を設けた。

さらに同年末、政府はこれまでの被ばく安全基準（年間一ミリシーベルト）を一挙に二〇ミリシーベルトに引き上げ、翌二〇一二年十二月、これら三区域を①居住禁止の帰還困難区域②居住制限区域③避難指示解除準備区域へと編成し直し、さらに二〇一三年四月に、③の区域へ住民を帰還させることを決定した。

■チェルノブイリでは、五ミリシーベルト以上は強制移住区域

チェルノブイリ原発事故と福島第一原発事故の汚染区域の分類を比較すると、チェルノブイリの場合が、放射線の年間実効線量五ミリシーベルト以上の地域を、「退去対象区域（強制移住区域）」としているのに対し、福島の場合は、上限をその四倍も高い線量（二〇ミリシーベルト）に引き上げ、住民の帰還を「避難指示解除準備区域」から始め、居住制限区域へと拡大している。

チェルノブイリの場合、「移住権付き居住区域」および「特恵的社会・経済ステータス付き居住区域」の実効線量は、国際安全基準の年間一ミリシーベルトを目安としているが、福島の場合は、この国際安全基準を事実上、反古にした政策が実施されている。

▩チェルノブイリでは被災者の補償は国が負い、福島は電力事業者に責任集中

チェルノブイリ法は、被災者の社会的保護を目的としているように、同法の総則第五条で、被災者の権利保護に不可欠な財政負担の責任（資金拠出義務）をロシア連邦が負うことを定めている。福島の場合は、電力事業者へと責任を集中し、事業者の財政責任を超えた分について国が責任を負う。

▩チェルノブイリ法の被災者とは、事故処理作業員、汚染地域の移住者、同居住者

チェルノブイリ法は、「被災者」について、原発事故処理作業員（リクビダートル）、汚染地域（被災地）からの移住者、汚染地域の居住者と定めている。また、放射線の影響を受けやすい子どもについて、同法は子どもの範囲を広く設定し、ゼロ歳未満の胎児や、これから生まれてくる次世代の子どもも含めている。

▩チェルノブイリでは、年間一ミリシーベルトが「移住権」を認める基準

チェルノブイリ法で最も重要な特徴は、二つある。一つは、被災地から移住することを住民の権利と定め、この平均実効線量（年間）一ミリシーベルトを、住民の「移住権」を認めるための基準としていることだ。もう一つは、居住し続けるか移住するか、選択が認められた地域が設定されたことだ。同法では、「退去対象区域」の住民が移住を申請した場合、移住と移住先の生活に支援を受けられる。具体的には、引っ越し費用の支給、雇用保障、住宅支援・不動産補償といった三分野での支援である。この区域ではまた、高濃度の汚染を承知しながら住み続けることもできる。その場合、月額補償金、追加有給休暇・保養、年金受給の権

利などが認められる。

▒福島の二〇km圏外は、どこまでが放射能汚染地域か不明確

福島第一原発事故の場合、強制避難した二〇km圏の外側でも、平均実効線量（年間）が一ミリシーベルトを超える地域は福島県だけでなく、県外にも広がっている。しかし、二〇km圏の外側の地域は、どこまでが「放射能汚染地域」と認め、どのように支援するのか、政府は明確な方針を示していなかった。

▒福島の「原発事故子ども・被災者支援法」が成立

だが、二〇一二年六月に、**「原発事故子ども・被災者支援法」**が、超党派の議員立法により全会一致で成立した。同法の正式名称は非常に長く、「東京電力原子力事故により被災した子どもをはじめとする住民等の生活を守り、支えるための被災者の生活支援等に関する施策の推進に関する法律」という。

この法律は、新たに「支援対象地域」という考え方を導入し、被災者に居住・移動・帰還の自由な選択権を与え、生活を支援する方針を打ち出した。具体的な施策として、例えば、医療の確保、子どもの就学などの援助、家庭や学校における食の安全と安心の確保、放射線量の低減をはじめ、家族と離れて暮らす子どもへの支援、移動先の住宅確保、就業の支援、定期的な健康診断、健康影響調査、医療の減免などを挙げている。

表6-2　「原発事故子ども・被災者支援法」のポイント

(1)	放射線量が一定の基準以上の「支援対象地域」に居住する（した）「被災者」に居住・移動・帰還の自由な選択権を与え、生活を支援する。
(2)	国は、これまで原子力政策を推進してきた社会的な責任があり、被災者の生活支援などの施策を実施し、法制上および財政上の措置を講じる。
(3)	放射線による外部被ばくと内部被ばくに伴う、被災者の健康上の不安が早期に解消されるよう、最大限の努力をする。
(4)	子ども（胎児も含む）と妊婦に対して、放射線量の低減および健康管理に万全を期し、特別の配慮をする。
(5)	低線量の放射線による健康への影響について、国は自ら調査研究と技術開発を推進・実施し、民間の実施を促進するとともに、その成果の普及に必要な施策を講ずる。

（作成：筆者）

▒原子力政策を推進した国の社会的責任、内部被ばくなどの健康上の早期解消を定める

　また国は、これまで原子力政策を推進してきたことに伴う社会的な責任を負っており、被災者の生活支援などの施策を実施する責務があり、法制上および財政上の措置を講じることを定めている。

　さらに同法は、放射線による外部被ばくと内部被ばくに伴う、被災者の健康上の不安が早期に解消されるよう、最大限の努力をする必要があるとしている。その上で、子ども（胎児を含む）が放射線による健康への影響を受けやすいことを踏まえ、その健康被害を未然に防止する観点から放射線量の低減及び健康管理に万全を期し、子どもと妊婦に対して特別の配慮をしなければならないと念をおしている。

　低線量の放射線による人の健康への影響について、国は自ら調査研究と技術開発を推進・実施し、併せて民間の実施を促進するとともに、その成果の普及に必要な施策を講ずるものと同法は定めている（表6―2）。

▒「支援対象地域」と、それを判断する放射線量の明確な基準値は示さず

　しかし、この「原発事故子ども・被災者支援法」（以下、「子ども・被災者支援法」）は、実際にどこを「支援対象地域」とするのか、また、それを判断

する実効放射線量の明確な基準値を示していない。同法は、第八条で「支援対象地域」について、「放射線量が政府による避難に係る指示が行われるべき基準を下回っているが、一定の基準以上である地域」といった、あいまいな表現をしている。

▓「支援対象地域」の「放射線量が一定の基準以上の地域」とは何か

放射線量を「一定の基準以上」として明確にしていない点について、同法は、第一条の冒頭の部分で「福島第一原発事故により放出された放射性物質が広く拡散していること、当該放射性物質による放射線が人の健康に及ぼす危険について、科学的に十分に解明されていないことなどのため」と、その理由づけをしている。政府はこれまで汚染度の高い地域を「区域」化し、区域対象外の被災地と被災者を裾切りしてきた。

▓放射線量の「一定の基準以上」を明示しなければ、「支援対象地域」も「被災者」も認定できない

さらに「被災者」について、同法は「一定の基準以上の放射線量が計測される地域の（現在と過去の）居住者、政府の避難指示による避難者およびこれらの者に準ずる者」と規定している。したがって、肝心な「一定の基準」を明確にしない限り、「支援対象地域」を定め、「被災者」を認定することはできない。支援対象地域と被災者が決まらなければ、上述の同法の諸施策を実施することは困難だ。

それでなくても同法は、基本理念や重点分野の基本方針などを示した、いわゆるプログラム法（スケジュール法）であり、実際の政策の策定と施行は、関係各省庁による法令、省令、告示の策定を必要とする。

■基本理念のプログラム法の実現に立ちふさがる所轄省庁の乱立

しかも、この法律の主務官庁は、基本方針が復興庁、放射線調査が文部科学省、除染や健康管理が環境省のほか、住宅確保や移動支援は国土交通省、就労や医療支援は厚生労働省など他省庁にわたり、既存の原子力関連諸法との調整作業もあり、即効性が疑問視された。

政府は事故直後に、原発の半径二〇km圏内の住民に避難指示を出し、圏外の年間被ばく線量が二〇ミリシーベルト以上となるおそれのある地域に計画的避難区域を設定した。その後、二〇km圏内、計画的避難区域とも、年間二〇ミリシーベルト以下となることが確実な地域を「避難指示解除準備区域」に再編した。同区域は、除染やモニタリング、健康診断など、被ばく量の低減・回避対策を講じて、段階的に一ミリシーベルト以下を目指すことになっている。

「原発事故子ども・被災者支援法」の言うところの「避難指示基準を下回るが、一定の基準以上の放射線量」とは、年間被ばく線量が二〇ミリシーベルトから一ミリシーベルトまでの範囲と考えられる。

当然のことだが、一定の基準の放射線量は、下限の一ミリシーベルトでも影響に個人差があるが、一ミリシーベルトを基準にすべきである。

チェルノブイリ原発事故では、被災地の基準に土壌の放射性セシウム137濃度も加えているが、福島第一原発事故では、どうするのか言及がない。

第Ⅲ部

〝国際原子力ムラ複合体〟の実体

――被ばく障害を「生活習慣病」でカムフラージュ――

“国際原子カムラ複合体”の関係図

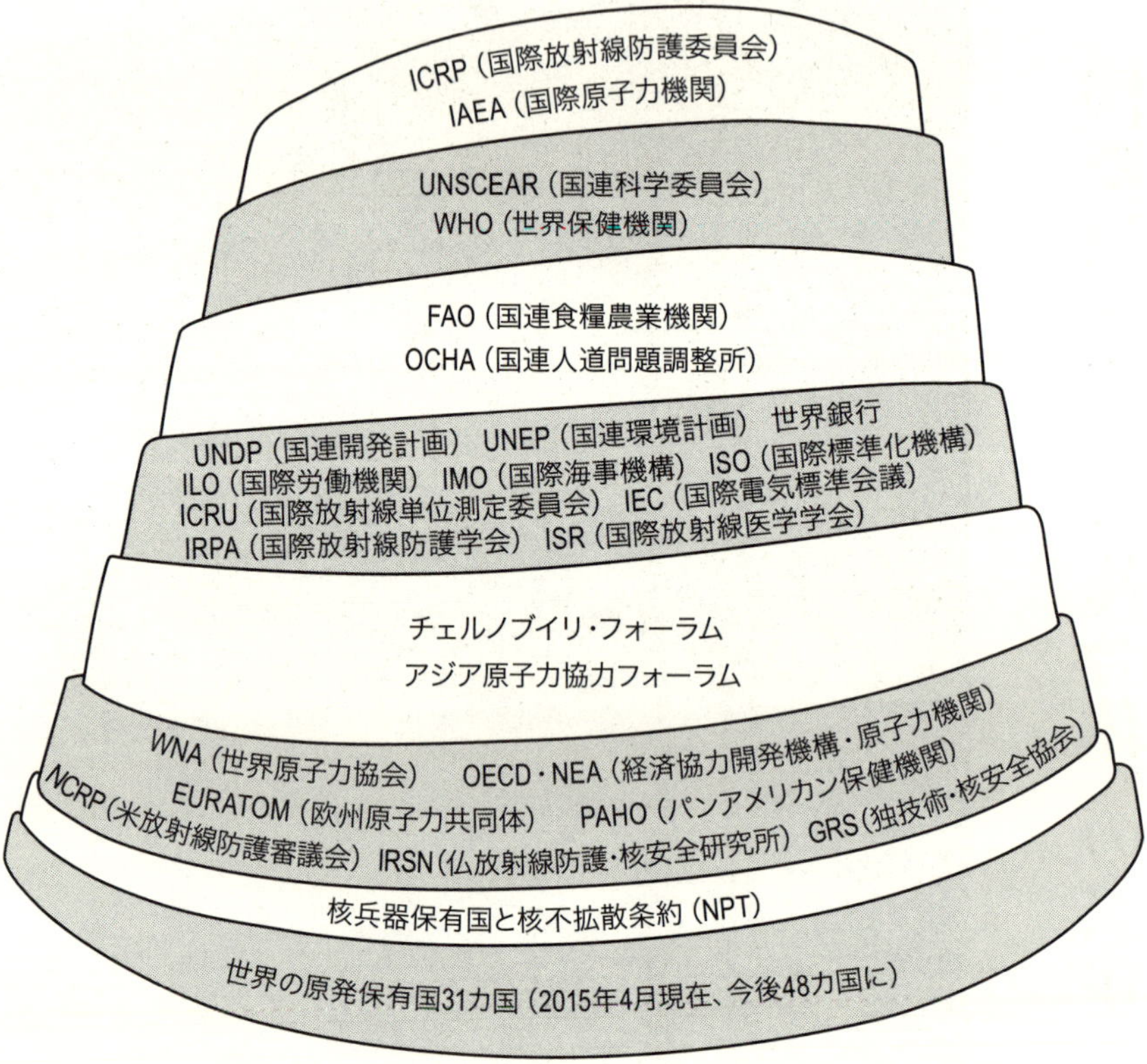

オランダの画家ブリューゲルの『バベルの塔』をもとに、筆者が作成

第7章 「生活習慣病」と「内部被ばく」問題

国際原子力機関（IAEA）の指揮のもとに、世界保健機構（WHO）をはじめ国連の各部局を中心に、二〇〇三年に創設された「チェルノブイリ・フォーラム」は、放射線の影響への理解に大きく貢献する世界各国の科学者たちによる、数多くの査読を受けた貴重な調査研究成果を考慮もせず排除している。同時に、放射線安全基準の核心である「内部被ばく」問題を依然として無視して、原子力に関する公正で健全な科学の発展だけでなく、世界の公正で健全な科学の発展を妨害し続けている。

チェルノブイリ原発事故の真相が明らかになり、「チェルノブイリ・フォーラム」で結束した〝国際原子力ムラ複合体〟は、核実験や原発事故などの放射線が引き起こす人体への悪影響（健康障害）の実態をカムフラージュ（偽装）するため、現代病の「生活習慣病」、いわゆる〝生活習慣病シンドローム（症候群）〟のるつぼの中に、放射線の健康障害を投げ込んでごちゃ混ぜにし、論点をあやふやにして、核開発・利用の人道的責任を回避しようとしている。

■「生活習慣病」は、放射線の健康への影響の隠れ蓑

「生活習慣病」という病名は、日本では「成人病」からスタートした。一九五七年に厚生省（当時）が、「成人病」の定義を行い、「がん、脳卒中、心疾患」の三大成人病のほか、高血圧、糖尿病、肝臓疾患、じん臓疾患など、主に中年から発症する病気の総称となった。

しかし、厚生省（当時）は一九九六年に、これを「生活習慣病」に変更し、脂質異常症（高脂血症）、大腸がん、歯周病などを加えた。

近年では、肥満症、動脈硬化による脳梗塞、心筋梗塞をはじめ、糖尿病網膜症・神経障害の合併症、骨粗しょう症なども加わり、病名は増えるばかりだ。いまや〝生活習慣病シンドローム（症候群）〟と名称を変えたほうがよさそうな状況となっている。

「成人病」から「生活習慣病」に変更した理由について、厚生省は、（一）成人病の疾患の多くが、成人だけでなく小児にも広がった（二）食生活、運動習慣、休養、喫煙、飲酒、ストレスなどの生活習慣により引き起こされる病気をまとめた――としている。

不思議なのは、「生活習慣病」を引き起こす重大な原因の一つとして、放射線による健康への悪影響が取り上げられていないことだ。世界で次々と明らかになる放射線の健康障害に関する科学的な調査研究結果からみれば、核実験や原発事故などの放射線が「生活習慣病」に影響あるいは関わっていることは、もはや否定は出来ないのだが。

▒生活習慣病の一原因「睡眠不足」が、原発の大事故の影響とは？

上記の一九五七年から九六年までの三九年間には、世界で大気圏の核実験だけでも五二八回も繰り返され、一九七九年には米スリーマイル島原発事故、八六年には旧ソ連チェルノブイリ原発事故が相次ぎ、さらに二〇一一年の福島第一原発事故で、健康への悪影響はいっそう深刻になった。

しかし、厚労省は核実験や原発事故の放射線が健康に与えた影響はもとより、これらの放射線が一体どのような影響を「生活習慣病」に及ぼしているのか明らかにしていない。

「生活習慣病」の原因の一つと考えられる「睡眠不足」について、スリーマイル島、チェルノブイリ両原発事故を「睡眠不足」を招いた世界の諸大事故の一事例として加えている程度である。

▒内部被ばくの健康影響――七〇年間も本格的な調査研究と対策を怠ってきた大罪

「生活習慣病」、いわゆる〝生活習慣病シンドローム（症候群）〟は、臓器や骨から心理面まで多岐にわたるので、混交すると放射線による健康被害の真実を覆い隠すのに非常に都合がよい病名でもある。

チェルノブイリ事故の結果、主要な被災三カ国（ベラルーシ、ウクライナ、ロシア）では、人口の減少に歯止めがかからない。人口減少の原因は、死亡率の増加と出生率の低下にあるが、「チェルノブイリ・フォーラム」を中心とする原発の推進者たちは、その原因として喫煙やアルコール依存症などの生活習慣（病）をはじめ、感染症病原、低い生活水準などを強調し、放射線の引き起こす健康被害の真実をカムフラージュして、ごまかそうという姑息な深謀がうかがえる。

核兵器も原子力発電所も、同じ核分裂反応をエネルギー源とする。それ故に、このような偽装工作は、広島・長崎原爆から七〇年間、チェルノブイリ事故から三〇年間も放射線の被ばくに苦しみ耐えてきた日本をはじめ、チェルノブイリ被災諸国の多くの被災者たちからみれば、決して許される行為ではない。

なぜなら、二十世紀半ばからの七〇年間に、核兵器や原発の開発に携わった政府（軍を含む）、産業（電力会社を含む）、科学者、技術者ら関係者たちは、核兵器の大量殺りく効果、原発の発電による経済効果の追求に膨大な国費の支援を受け続け、「内部被ばく」を除外する不完全で偏った被ばく基準に基づき、人間にとって最も大切な健康面への影響に関する本格的な調査研究と対策を実施してこなかったからだ。

■体内のセシウムが他疾患の悪化や合併症を引き起こす――ベラルーシの元大学長が実証

「チェルノブイリ・フォーラム」を中心とする〝国際原子力ムラ複合体〟が、放射線障害の原因を核兵器や原発事故に遡及されるのを「生活習慣病」でカムフラージュしようとするのに対し、チェルノブイリ被災諸国や世界の良心的な科学者たちはその逆で、放射性物質が体内に取り込まれると、疾患が悪化し、他の疾患との合併症を引き起こす危険性が非常に高くなると反証している。

例えば、既述のベラルーシのユーリ・I・バンダジェフスキー元ゴメリ医科大学学長は、著書『放射性セシウムが人体に与える医学的生物学的影響――チェルノブイリ原発事故の被曝データ』で、死亡者の臓器別の測定を行い、放射性セシウムの蓄積量が①甲状腺②骨格筋③小腸④心筋、続いて⑤ひ臓⑥脳⑦じん臓⑧肝臓の順で多いことを確かめた。

同国ゴメリ州で突然死した患者の組織標本を綿密に調べたところ、九九％の症例に心筋異常があった。同州における死亡者のじん臓のセシウム137の平均濃度は大人で一九三ベクレル（一kgあたり）、子どもで六四五ベクレル（同）と非常に高く、じん臓に病理学的変化が認められている。

▒心臓血管系、肝臓、免疫系、妊娠・胎児、神経系など、ほとんどの器官に機能異常や障害

バンダジェフスキー元学長は、さらに臨床調査と動物実験により、体内に取り込まれた放射性セシウムがどんな構造的変化や機能的異常を引き起こすか、人体に当てはめながら臓器や組織に及ぼす影響を研究した。その結果、心臓血管系、肝臓、免疫系、妊娠と胎児をはじめ、ホルモン系、神経系、視覚器官など、人体のほとんどの器官で機能異常や障害が起きていることが明らかになった。

心臓血管系では心室内伝導障害や子どもの高血圧、肝臓では脂肪肝や肝硬変、また免疫系には結核やウイルス性肝炎、妊娠と胎児では着床前の胎児死亡や胎児の骨組織形成の異常、さらに神経系では出産前後の大脳左半球（学習能力）の異常などが発症している。

ベラルーシにおける臓器別のがん症例数（一九八七～九七年）をみると、甲状腺がんは三・五倍、じん臓がんは二・四倍、直腸がんは一・四倍に増えた。

放射性セシウムの「内部被ばく」による影響は、男性に腫よう性疾患と心血管疾患が頻発し、男性の寿命が女性より短くなっていることでも証明された。「放射性セシウムは比較的低い濃度（一kgあたり二〇～三〇ベクレル）でも、持続的に体内に取り込まれると、深刻な病理的変化を引き起こしたり、生態の適応、代謝機能を変化させたりする原因となり得る」と、バンダジェフスキー元学長は警鐘を鳴らしている。

▒原発事故による「人工放射線」と「自然放射線」の誤った比較は、生活習慣病と同じ偽装

原発の推進者たちは、自然界の「自然放射線」と、原発事故の「人工放射線」を同一視して比較し、原発事故の「人工放射線」の危険性から注意をそらして、安心感を与えようとしているが、これは間違いである。

自然界の放射線はもともと、宇宙と地球の誕生以来、存在している放射線だ。地球の生命は約四〇億年前に海の中に発生してから三五億年以上を費やし、生物の炭素同化作用などで大気の高層にオゾン層をつくり、宇宙から降り注ぐ強力な放射線を和らげた。そこで、海の中で暮らしていた生物が、四億数千年前に上陸して進化を遂げ、約五百万年前に登場した人類（人間）は、遺伝子と環境の相互反応によって「自然放射線」に適応して、それを受容できるようになったのである。

そこには、気の遠くなるような、悠久の時の流れがある。しかし、核兵器、原発事故および医療被ばくの放射線は、短期に人間が新たにつくり出した「人工放射線」であり、歴史が極めて浅く、人間が「人工放射線」に適応する関係ができていないから、危険なのである。

「人工放射線」と「自然放射線」の同一視・比較に固執するのなら、現在の放射線量を両者の放射線量を合計した「総合合計数値」に改める必要がある。それが出来ないなら、不必要な同一視の比較をして、社会を惑わすような表現はやめるべきである。

▒「人工放射線」の核種は、「自然放射線」より大きい——大気汚染物質や花粉との比較

「人工放射線」が「自然放射線」と比べ、いかに危険かは両放射線を出す放射性物質のサイズを比較してみれば、その違いが判る。

生井兵治・元筑波大学教授によると、空中を飛散する物質の中で、自然界の放射線の核種（粒子）は小さく、その多くは〇・二〜〇・六ナノメートルほどである。ナノメートルは、ミクロの世界の長さを表す単位で、肉眼や光学顕微鏡では見えない。つまり、一ナノメートルは、一ミリメートルの百万分の一の長さだからだ。

これに対し、人工の放射線の核種は、自然放射線の核種より大きく、多くは一〇ナノメートルから二〇マイクロメートルはある。マイクロメートルは、ナノメートルのより千倍大きい長さの単位で、一マイクロメートルは〇・〇〇一ミリである。

また人工の核種の体積も大きい。粒径一〇〇ナノメートルの人工核種の体積は、〇・六ナノメートルの自然核種のざっと四六〇万倍も大きい。中国からの飛来が問題化している大気汚染物質PM2・5は、直径二・五マイクロメートル以上の微小粒子状物質だ。人体の細胞は、一辺平均が約一〇マイクロメートルの直方体で、PM2・5より四倍大きい。

これに対し、植物の花粉は直径一〇〜一〇〇マイクロメートルである。トウモロコシの花粉は一〇〇マイクロメートル、またコナラの花粉は二五マイクロメートルで、人体の細胞より大きい（図7―1）。

このようなミクロの浮遊微粒子が、私たちの呼吸や飲食、さらにがんなど私たちの健康に、どのような影響を与えるのか、生井博士は、次のように解説する。

直径一〇マイクロメートル以上の浮遊微粒子は、鼻から吸い込むと鼻毛にひっかかり、くしゃみや鼻水とともに、鼻腔内から除去される。また、約五マイクロメートルの微粒子は、気管支の粘膜の繊毛によって、のどに戻され、タンと一緒に体外へ排出される。問題は、さらに小さい微粒子だ。直径〇・五〜二・〇五マ

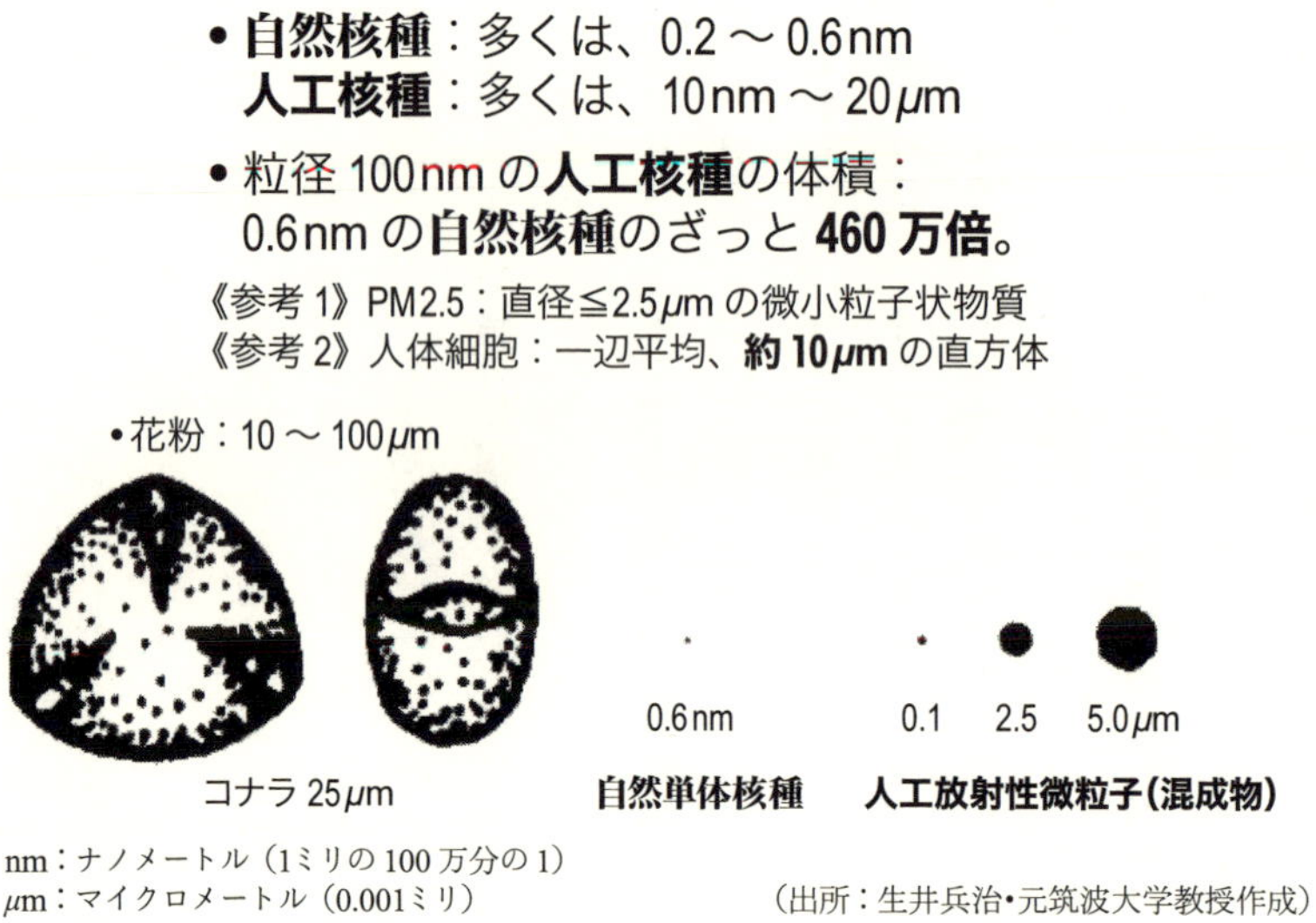

（注）nm：ナノメートル（1ミリの 100 万分の 1）
μm：マイクロメートル（0.001ミリ）
（出所：生井兵治•元筑波大学教授作成）

図 7-1　自然放射性物質と人工放射性物質の核種の大きさ比較

イクロメートルの微粒子は、肺胞に付着して、長い間肺に留まり、「内部被ばく」のもとになる。

直径〇・一マイクロメートル（一〇〇ナノメートル）以下の微粒子は、消化官や肺胞から血液の中に入り、母親の胎盤内にいる放射線に弱い胎児がそれをどんどん吸収し、様々な悪影響がもたらされる。胎児でなくても、特定組織に沈着して「内部被ばく」を免れない。

このように自然核種と人工核種の影響を比較した上で、生井博士は、「内部被ばく」問題を無視した、現在の放射線の影響研究について、次のように批判している。「現在は、ガンマ線の『外部被ばく』よりも、セシウム137やストロンチウム90などのベータ線と、プルトニウム239などのアルファ線による『内部被ばく』が問題なのである」。

■肉眼で見えないミクロの世界の「内部被ばく」は、線香花火・数百万本分の火球に相当

肉眼で見えないミクロの世界の「内部被ばく」現象

が、人体にとって、いかに過酷な出来事であるか、生井博士は、身近な線香花火の火玉に例える。

物質の最小単位である原子の世界で見ると、人工核種（球）の原子数（体積）は、半径の三乗に比例する。だから、半径五〇ナノメートルの人工核種の原子は、約四六〇万〜三一〇〇万個ある。その直径〇・六ナノメートルの自然核種を、線香花火一本の火玉に例えると、一〇〇ナノメートル（〇・一マイクロメートル）の人工核種は、線香花火数百万本分以上の火玉に匹敵する。

簡潔に言えば、自然放射線の核種一個を線香花火の火の玉一個とすると、人工核種はその数百万個以上の火の玉を丸めた巨大な火球に相当するのだ。

言うなれば、原発事故や核爆発で放出された放射性セシウムやストロンチウム、プルトニウムが、体内に取り込まれて発する放射線は、（巨大な火球のように）体内の細胞組織に致死的な大やけどを負わせ、挙げ句にがんをはじめ、様々な疾病を引き起こす現象を、「内部被ばく」とたとえることもできよう。

「いわゆる〝原子力ムラ〟の人間は、放射線や核種を自然のものも、人工のものも同じ観点で考える。しかし、これだけ違うものが体内に入れば、ホットスポットとして、ピンポイントで影響が出るわけだ。それを全部平均化している」。生井博士はこのように批判している。

しかし政府は、放射線の被ばく基準を次々と甘く緩和しながら、さらに核廃棄物の処理基準について法外な裾切りまで行った。そのうえ政府は、「クリアランス制度」を適用し、放射性セシウム137の濃度が一kgあたり一〇〇ベクレル以下の放射性物質を、一般廃棄物（ごみ）処分や再生利用ができるようにしてしまったのである。

▨内部被ばく（低線量被ばく）は晩発性障害で、遺伝的障害、先天性障害も発症

放射線被ばくには、核兵器、原発事故および医療被ばくなどにより、放射線を体の表面に受ける「外部被ばく」と、呼吸や食べ物により、放射性物質を体内に取り込む「内部被ばく」がある。

放射線被ばくを引き起こす障害には、大量被ばくによる「急性障害」と、低線量被ばく（低レベル被ばく）により、時間が過ぎてから発生する「晩発性障害」がある。後者には、遺伝的障害と先天性障害が含まれる。

発生から四年経った福島第一原発の過酷事故では、政府、電力会社、自治体をはじめ、原子力に関係するすべての人々は、これから「内部被ばく」と「晩発性障害」問題の解決と対策を、本格的に問われることになるだろう。

一般人の健康に関わる、低線量被ばく（低レベル被ばく）には、どこからが低線量なのか明確な基準が不明確だった。原子力推進の先頭に立つ国際原子力機関（IAEA）でさえ、一九八八年に「低レベル放射性廃棄物」について、「含んでいる放射性核種が少なく、通常の取り扱いにおける接触、輸送時などの、特に放射線防護を必要としない放射性廃棄物」と定義しただけだ。それが二〇〇五年に、米科学アカデミーの委員会が放射線被ばくの健康リスクについて、「低線量を一〇〇ミリシーベルト以下」と定義してから広まり、国際放射線防護委員会（ICRP）も、国際基準に採用した。

そのICRPでさえ、一〇〇ミリシーベルト以下の低線量被ばくでも、ある一定の線量増加に正比例して、がんや遺伝性の影響が発生する確率が増加するとしている。だから「急性障害」には、ここまでは安全という線量限度（許容量）があっても、「晩発性障害」には、ここまで安全という線量限度はないという説が有力になっている。時間の経過とともに、健康をむしばむ「内部被ばく」による「晩発性障害」は、決して無視

できないのである。

私たち人間の体は、約六〇兆個にのぼる細胞で形づくられている。その細胞核の中には、遺伝情報など生命体の最も重要な役割をつかさどる遺伝子DNAが詰まっている。DNAはらせん構造をした二本の鎖でできている。たとえ、一〇〇ミリシーベルト以下の内部被ばくであっても、体内に着座したミクロの放射性微粒子は、この鎖を切断する。一本の鎖が切断（一重鎖切断）されても独力で修復が可能だが、修復が失敗したり、部分的だったりすると、細胞の壊死や異常細胞による発がんや奇形などの障害を引き起こす原因となる。

鎖二本が同時に切断される「二重鎖切断」が起こると、誤った修復を行う確率が高くなり、異常障害の発生確率もさらに増加するとされている。

■「低線量被ばく」によるがんの増加、イギリス医師会誌、オランダ癌研究所、臨床腫瘍学会誌が警告
――遺伝子変異のある女性の乳がん、医療被ばくで二～五倍増、日本女性の三割に同変異――

チェルノブイリ原発事故によるがんをはじめ、諸疾患の発症状況については後述する。

北海道深川市立病院の松崎道幸内科部長は、前述の日本記者クラブでの会見で「低線量被ばくによる有意ながんリスク増加が証明されたチェルノブイリ以外の世界の研究一覧（六例）」（二〇〇六～二〇一二年）を提示し、医療被ばく、原発労働者および自然放射線の発がん率が増加する危険性についても警告した。

六例の研究の第一は、医療被ばくに関する研究で、遺伝子変異（BRCA）のある女性は、数ミリシーベルトの累積被ばく線量で、乳がんが二～五倍増加していることが明らかになった。

例えば、世界の五大医学雑誌の一つである『イギリス医師会誌（BMJ）』は、二〇一二年に累積被ばく線

量一〇ミリシーベルト程度のレントゲン被ばくでも、遺伝子変異のある女性は、乳がんリスクが「有意」に増加するという論文を掲載した。「有意」とは、ある結果が単に偶然に起きたとは考えにくい、という意味である。

また、同年の同誌に掲載されたオランダ癌研究所の研究によると、遺伝子変異を持つ、三十歳以前の女性の乳がんリスクは、累積被ばく線量二〜一七ミリシーベルトを上回る医療放射線被ばくで、乳がんが一・六〜三・八倍増加している。日本人女性の約三割は、放射線被ばくで乳がんになりやすい遺伝子変異を持っている（日本乳癌学会班の研究）。

さらに、『臨床腫瘍学会誌（JCO）』によると、遺伝子変異のある女性の乳がんリスクは、胸部X線写真撮影（約〇・五ミリシーベルト）を数回受けたことがあると、一時間あたり二〜五倍増加している（二〇〇六年）。

▒日本の原発労働者の長期疫学調査（二〇万人以上）でも、がんが三〜一〇％も増加

研究例の第二は、日本の原発労働者に関する疫学調査（二〇一〇年三月に報告書公表）だ。松崎内科部長は、この疫学調査で「全がん・肺がん・肝がんが、累積被ばく線量一〇ミリシーベルトで三〜一〇％増加している」と指摘した。

この原発労働者の疫学調査は、正式には「原子力発電施設等・放射線業務従事者の疫学調査」（第四期調査）と言い、二〇〇五〜〇九年に実施された。

同疫学調査は、国際放射線防護委員会（ICRP）の勧告を取り入れた放射線防護関連法令に基づき、文部科学省の委託で財団法人・放射線影響協会が担当した。

この疫学調査の報告書によると、疫学調査の対象者は、二〇〇九年三月末までに生死を確認できた放射線業務の従事者のうち、約二〇万四〇〇〇人である。

これらの対象者は、国内の原子力事業所（日本原子力研究所など二研究開発機関、東京電力など電力会社一〇社および日本原燃、JCOなど燃料加工会社六社）の従事者であり、医療機関などは含まれていない。

調査対象者の一人あたりの平均観察期間は約一一年で、放射線の累積線量は、一〇ミリシーベルト未満が七四・四%、一〇〇ミリシーベルト以上が三・〇%で、一人あたりの平均累積線量は一三・三ミリシーベルトだった。また出生年別では、一九五〇年代が約二五%、一九四〇年代が二三%を占め、平均年齢は五十四歳だった。

この疫学調査は、総合評価で「（原発労働者の）白血病を除く、悪性新生物（がん）の死亡率は、全日本人の男性死亡率に比べ有意に高かったが、生活習慣等の影響の可能性を否定できない」としている。

▒すでに三万二千人を超す、福島原発の事故処理作業員の健康影響が心配

このような日本の原発労働者の疫学調査からみても、今後、福島第一原発における事故処理作業員の健康への被ばく影響が懸念される。

シンクタンク「原子力市民委員会」（座長＝吉岡斉・九州大学大学院教授、**写真7―1**）は、「東京電力が厚生労働省に報告した労働者の集団実効線量（積算線量）の七四%は下請け作業員によるものであり、この積算線量は日本の全原発の作業員が四〇年間に被ばくする総積算線量の実に一二・七%に相当する」と指摘している。

同原発では現在、一日平均約三千人（八割以上は下請け労働者）が、事故処理や廃炉準備作業に従事している。

写真 7-1　吉岡斉・原子力市民委員会・座長

東京電力の発表では、事故発生の二〇一一年三月から一四年一月末までに、三万二〇三四人（下請け二万七九三二人、東電社員四一〇二人）が動員され、このうち、一七三人の累積被ばく線量がそれぞれ一〇〇ミリシーベルトを超え、その中で九人は二〇〇ミリシーベルトを上回っている。

この総数からは、事故初期に緊急動員され、大量被ばくしたとみられる警察官、自衛隊員、消防隊員などは、除外されているのである。

■CTによる脳腫瘍リスク三倍、カナダではX線の心筋梗塞患者のがんリスクが一二％増も

松崎内科部長が挙げる**研究例の第三**は、医療被ばく（CT）に関する研究（二〇一一年）で、全がんが同一〇〜四〇ミリシーベルトで、同一〇ミリシーベルトごとに三％増加している。

例えば、世界の五大医学雑誌の一つで、イギリス外科学会が発行する『ランセット』誌は、二〇一二年に「脳腫瘍リスク三倍！　CTで子どものがん危険増　国際チームが疫学調査」と報じている。

また、カナダ・モントリオールのマギル大学チームは、二〇一一年のカナダ内科学会誌の論文で、低線量のX線検査を受けた急性心筋梗塞患者のがんリスクについて、次のように発表している。

（一）血管造影、CT等のX線による検査・治療を受けた心筋梗塞患者八万二八六一人を五年追跡（二）その結果、一万二〇二〇人にがんが発生（三）三・一〇ミリシーベルトの被ばく群で有意にがんリスクが三％増加（四）被ばくが一〇ミリシーベルト増すごとに、一時間あたりの被ばくでがんリスクが有意に三％ずつ増加（四〇ミリシーベルトでは一二％増加）している。

研究例の第四は、医療被ばくに関する研究（二〇一二年）で、乳がんが同二〜一七ミリシーベルトにおいて、遺伝子変異の乳がんが六〇〜二八〇％も増加している。

研究例の第五は、医療被ばく（CT）に関する研究（二〇一二年）で、小児白血病・脳腫瘍が同五〇〜六〇ミリシーベルトで三倍増加している。

▒自然放射線下でも、小児白血病が有意に増加、英保健省が調査

研究例の第六は、自然放射線に関する研究（二〇一二年）で、イギリス保健省およびウェールズ、スコットランド両政府などが一九八〇〜二〇〇六年に三万七〇〇〇人を対象に実施した調査の結果、累積被ばく線量が五ミリシーベルトを超えると、小児白血病のリスクが一ミリシーベルトあたり一二％有意に高まることが判った。

▒一〇〇ミリシーベルトで一〇万人あたり一万人の超過がん死も

こうした一連の研究から、松崎内科部長は、全がんリスクの場合、累積被ばく線量が一〇ミリシーベルトで三％増加するが、一〇〇ミリシーベルトだと三〇％増加する（原爆コホート＝原爆という統計因子を共有する集団＝では、一〇〇ミリシーベルトで四・七％増加）。一〇ミリシーベルトでがん死が三％高まることの意味について、松崎内科部長は、具体的に以下のように説明する。

（一）一〇ミリシーベルトの被ばくは、一回でも累積でもがん死のリスクが三％高まる。

（二）今の日本では男性の三五％ががん死であるが、それに被ばくのがん死が一％上積みされる。

（三）これは、一〇〇人から一人のがんによる超過死亡となる。

（四）一〇〇ミリシーベルトなら、一〇万人あたり一万人の超過がん死となる。

■一〇〇ミリシーベルト以下の低線量被ばくの発がんリスクは、他の要因と区別できないと逃げる日本政府

これに対し、日本政府は、一〇ミリシーベルトの放射線被ばく量とがんリスクについて直接言及していない。官邸のホームページで、政府は（一）一〇〇ミリシーベルト以下の低線量被ばくでは、他の要因による発がんの影響によって隠れてしまうほど小さく、放射線による発がんのリスクの明らかな増加を証明することは難しい（二）一〇〇ミリシーベルトでは一・〇〇〜一・三五％増加する、と説明してきたのである。

第8章　世界の放射線防護基準を作った国際放射線防護委員会（ＩＣＲＰ）に対する疑問

広島・長崎原爆の投下に始まり、核兵器保有国による五二八回にも及ぶ大気圏核実験、さらに米スリーマイル島原発事故、旧ソ連チェルノブイリ原発事故、福島第一原発事故を経験したにも拘わらず、日本をはじめ、世界の各国政府が放射線防護の唯一の基準とする「国際放射線防護委員会（ＩＣＲＰ）」の被ばく限度基準に大きな疑問が提起され、さらに福島第一原発事故の内部被ばく問題も無視されているのは、いったい何故なのか。

写真 8-1　澤田昭二・名古屋大学名誉教授

福島第一原発事故から一年後（二〇一二年三月）に設立された「市民と科学者の内部被曝問題研究会」の澤田昭二理事長（名古屋大学名誉教授、**写真8―1**）は、この問題の根底にある権威化した「国際放射線防護基準」の歴史的な成立過程について、次のように指摘する。

一九四五年八月、広島、長崎に原爆を投下した二年後の四七年、アメリカのトルーマン大統領は、広島、長崎両市に「原爆傷害調査委員

表8-1　ABCC、国際放射線防護委員会（ICRP）、放影研の年譜

1945年	アメリカが広島、長崎に原爆を投下。
1946年	アメリカが原子力委員会、放射線防護審議会（NCRP）および原爆傷害調査委員会（ABCC）を設置。NCRPは国際X線・ラジウム防護諮問委員会を改組。
1947年	ABCCが広島、長崎両市に設置される。
1949年	ABCCが被爆者人口調査を開始。翌年に白血病、成人医学調査を開始。
1950年	国際放射線防護委員会（ICRP）が設置される。
1975年	ABCCが日米両国共同運営の「放射線影響研究所」（放影研）に改組される。
1990年	ICRPが一般人の放射線被曝限度1ミリシーベルト（年間）を勧告。

（作成：筆者）

会（ABCC）」を設置した。ＡＢＣＣは、原爆の爆発一分以内に放出された「初期放射線」の被爆者に対する影響研究（外部被ばく）を重視し、一分以後に放出された「残留放射線」による「遠距離被爆者」と、原爆投下後に爆心地に立ち入った「入市《にゅうし》被爆者」の影響（内部被ばく）を無視してきた。

ＡＢＣＣは一九七五年に閉鎖され、日米両国政府が共同運営する「放射線影響研究所」（**放影研**＝広島、長崎に現存する）に改組された（**表8―1**）。

だが、「初期放射線」の影響だけに重点を置く原爆傷害研究計画は、そのまま引き継がれた。この内部被ばくを無視した放影研の研究結果をもとに、「国際放射線防護委員会（ＩＣＲＰ）」が、放射線防護に関する勧告を作成し、世界各国は未だにこの「放射線防護基準」を一律に使用しているのである（**図8―1**）。

ただ、ＩＣＲＰという組織は、任意の非政府組織（ＮＧＯ）に過ぎない。この組織は一九二八年設立の「国際Ｘ線・ラジウム防護諮問委員会」が前身であり、一九五〇年に現在の名称に変更された。

ＩＣＲＰの活動資金は、イギリスを中心とする欧州、アメリカ、カナダの北米、日本、豪州のアジア、南米地域をはじめ、国際原子力機関（ＩＡＥＡ）、国際放射線防護学会（ＩＲＰＡ）、国際放射線医学学会（ＩＳＲ）、経済協力開発機構・原子力機関（ＯＥＣＤ／ＮＥＡ）、世界保健機関（ＷＨＯ）、欧州原子力

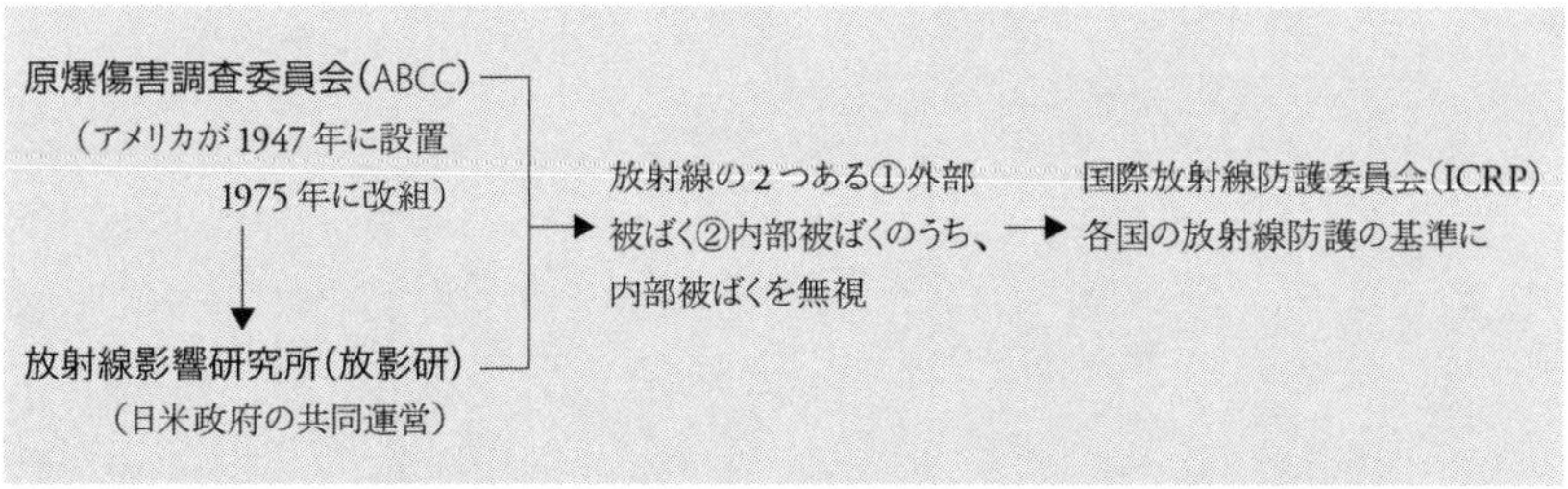

図 8-1　世界の放射線防護基準は広島・長崎原爆の「内部被ばく」を無視して作られた

共同体（ＥＵＲＡＴＯＭ）、さらに行政部門研究所、関連企業など、原子力推進組織の拠出で運営されている。

主委員会（Ｌ・Ｅ・ホルム委員長（スウェーデン））と、四つの専門委員会（放射線の影響・誘導限度・医療放射線防護・委員会勧告の適用）から構成される。

■遠距離、入市被爆者も「残留放射線」を内部被ばく――市民と科学者の内部被曝問題研究会

前記の「残留放射線」には二つある。「市民と科学者の内部被曝問題研究会」は、次のように解説する。「残留放射線」の一つは、原子雲の放射性降下物から放出された放射線だ。「初期放射線」がほとんど到達しない爆心地の遠隔地で被ばくした「遠距離被爆者」も、放射性降下物で被ばくした。

もう一つは、爆心地近くに大量に照射された「初期放射線」の中性子を吸収し、放射性原子核になった物質が放出した放射線である。原爆投下から約一カ月後（九月十七日）に襲来した枕崎台風の洪水が放射性物質を洗い流す前に、爆心地に立ち入った入市《にゅうし》被爆者も、この「残留放射線」を被ばくした。こうした被ばくでは「内部被ばく」が重要になる。

▩「残留放射線」の被ばく量推定は困難とする放影研

これに対し、放影研は、「残留放射線に関する放影研の見解」(二〇一二年十二月八日付)で、次のような見解を示している。

(一)「残留放射線」は、核爆発が生成した放射性物質の二次的な放射線であり、「誘導放射線」と、大気中に拡散した「放射性微粒子の放射線」に分類される。「誘導放射線」は、粉じんの吸入が多い場合を除き「外部被ばく」が主体で、その大部分は原爆投下後の数週間で急速に減衰した。

(二)「放射性微粒子」の被ばくには、大気中に滞留し、あるいは地上に蓄積した同微粒子からの「外部被ばく」と、地上の微粒子の体内摂取による「内部被ばく」がある。ただ「初期放射線」による個人別の被ばく量の計算は可能だが、「残留放射線」の被ばく量の推定は複雑で、推定に必要な情報の入手は困難だ。

しかし実際には、広島・長崎の原爆投下直後から四年間、調査研究が禁止されており、残留放射線による内部被ばくの日米の詳しい調査は行われていなかったのである。

ここに登場するABCCと放影研の関係について、放影研は設立の目的と沿革で、日本国民法に基づき、外務省と厚生(労動)省が所管し、日米両国政府が共同で管理運営する公益財団法人であること、また放影研の前身が、米原子力委員会の資金により、一九四七年に米学士院が設立したABCCであり、厚生省の国立予防衛生研究所(予研、現国立感染症研究所)も参加していることなどを明記している。

こうした公的機関である放影研の研究の閉鎖性と問題点に対し、多くの疑問が提起され、批判が繰り返されるのは何故なのか。

▒遠距離、入市被爆者を、被ばくを受けていない比較対照群に選んだのは問題——欧州放射線リスク委会長

澤田名誉教授は、まず欧州放射線リスク委員会（ＥＣＲＲ）のインゲ・シュミッツ゠フォイエルハーケ会長（ドイツ放射線防護協会副会長）の研究の例証を挙げて批判する。

シュミッツ゠フォイエルハーケ会長は、「遠距離被爆者」と「入市被爆者」の死亡率や発症率を、日本人平均の死亡率や発症率で割って求めた相対リスクに関する論文で、放影研が実際には原爆放射線の被ばく影響を受けている「遠距離被爆者」や「入市被爆者」を、被ばくを受けていない「比較対照群」に選んだ研究には問題がある、と指摘した。

同会長は、研究を「放影研の比較対照群の全国に対する相対リスク」として図式化し、全死亡の原因、全疾病の原因で死亡する相対リスクが一より小さいのは、被爆者が原爆手帳の支給で健康診断とがん検査を毎年受け、早期発見と治療の効果があるためだとした。しかし、呼吸器系のがんと白血病の早期入市者の死亡相対リスクはかなり大きく、乳がん、甲状腺がん、白血病の発症率の相対リスクが極めて大きいことは、「残留放射線」の被ばく影響が大きいことを示していると指摘している。

澤田名誉教授によると、これまでの放射性降下物の評価は、原子雲から降下した雨滴によって地中に浸み込み、火災雨や台風の大洪水で流されなかった放射性降下物からの放射線の測定結果に基づいていた。

この放射性降下物には、「黒い雨」と呼ばれた放射性降雨だけでなく、原子雲から降下した細かい雨滴が、降下中に水分を蒸発させ、原子雲下の広範な地域に充満した放射性微粒子がある。

被爆者は、呼吸や飲食を通じ、この放射性微粒子を体内に取り込み、微粒子が放出した放射線によって「内

部被ばく」した。

▒放射性微粒子の影響は、被爆者の被ばく影響からの推定が必要／やっと掲載された研究論文

大気の移動で拡散した放射性微粒子の影響は、核実験のように事前に準備した測定と異なり、広島・長崎原爆の場合は、事後の物理学的測定では判らなかった。このため、被ばく者の間で起こった放射線による被ばく影響から推定することが必要になった。しかし、多様な被ばく影響調査はあるものの、これらの調査結果に関する研究は、今までほとんど行われて来なかったのである。

澤田名誉教授は、正確に被ばく影響を明らかにする研究に着目した。そして、アメリカの原爆傷害調査委員会（ABCC）が一九五〇年前後に実施した寿命調査集団（LSS）の脱毛発症率の調査データから、被ばく線量と「脱毛発症率」の関係を用いて、「外部被ばく」と「内部被ばく」の双方を含む被ばく線量を求めた。

そして、この研究に関する英語の論文を執筆し、日本と世界の放射線影響の専門誌に投稿した。だが、政治的だとか、これまでの研究結果と全く違うから、掲載すると大混乱が起きると批判を受け、掲載を拒否された。そして、二〇一二年十二月に『社会医学研究』誌にようやく掲載された。

▒脱毛発症率による放射性降雨の線量は百分の一の過小評価

この論文によると、被ばく線量と脱毛発症率の関係を用いて、「外部被ばく」と「内部被ばく」の双方を含む正確な被ばく線量を求めたところ、広島原爆の爆心地から一・二キロ以遠では、「初期放射線」の被ばくが減少し、放射性降下物による被ばくが主要な曲線を描いた（図8―2）。

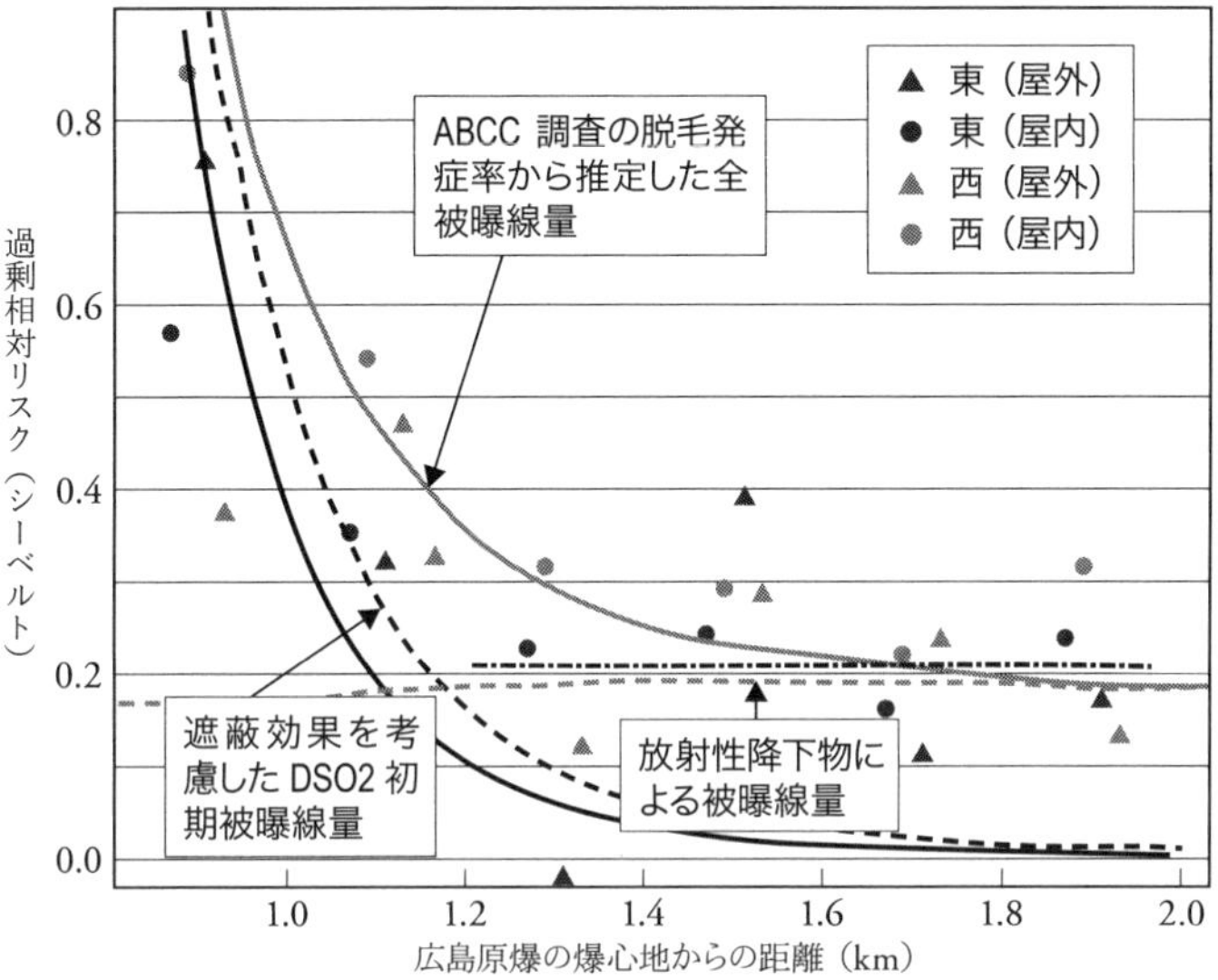

（出所：澤田昭二・名古屋大学名誉教授作成）

図 8-2　ABCC 寿命調査集団の脱毛発症率による被ばく線量（広島原爆）

爆心地から一キロ未満で曲線が途切れているのは、「初期放射線」だけで、脱毛発症率がほぼ一〇〇%になり、放射性降下物からの被ばく線量が求められないからだ。また、放射性降雨による放射性物質が放出した放射線量を測定して、最大の放射性降下物による被ばく線量を求めた結果、六〜二〇ミリシーベルトとなり、脱毛発症率から求めた平均的被ばく線量の約百分の一の過小評価となったのである。

■放射性降下物の被ばくは「内部被ばく」／広島・医師の脱毛など急性症状調査で判明

広島の於保源作医師は、原爆の被爆を屋内か屋外か、また被爆後三カ月以内に爆心地から一キロ以内に入ったかを区別し、様々な「急性症状」（脱毛、紫斑、下痢）を調べた。その結果、脱毛と紫斑は、爆心地からの距離に比例して同じように変化している。ところが、下痢は一キロ以内では脱毛と紫斑より発症

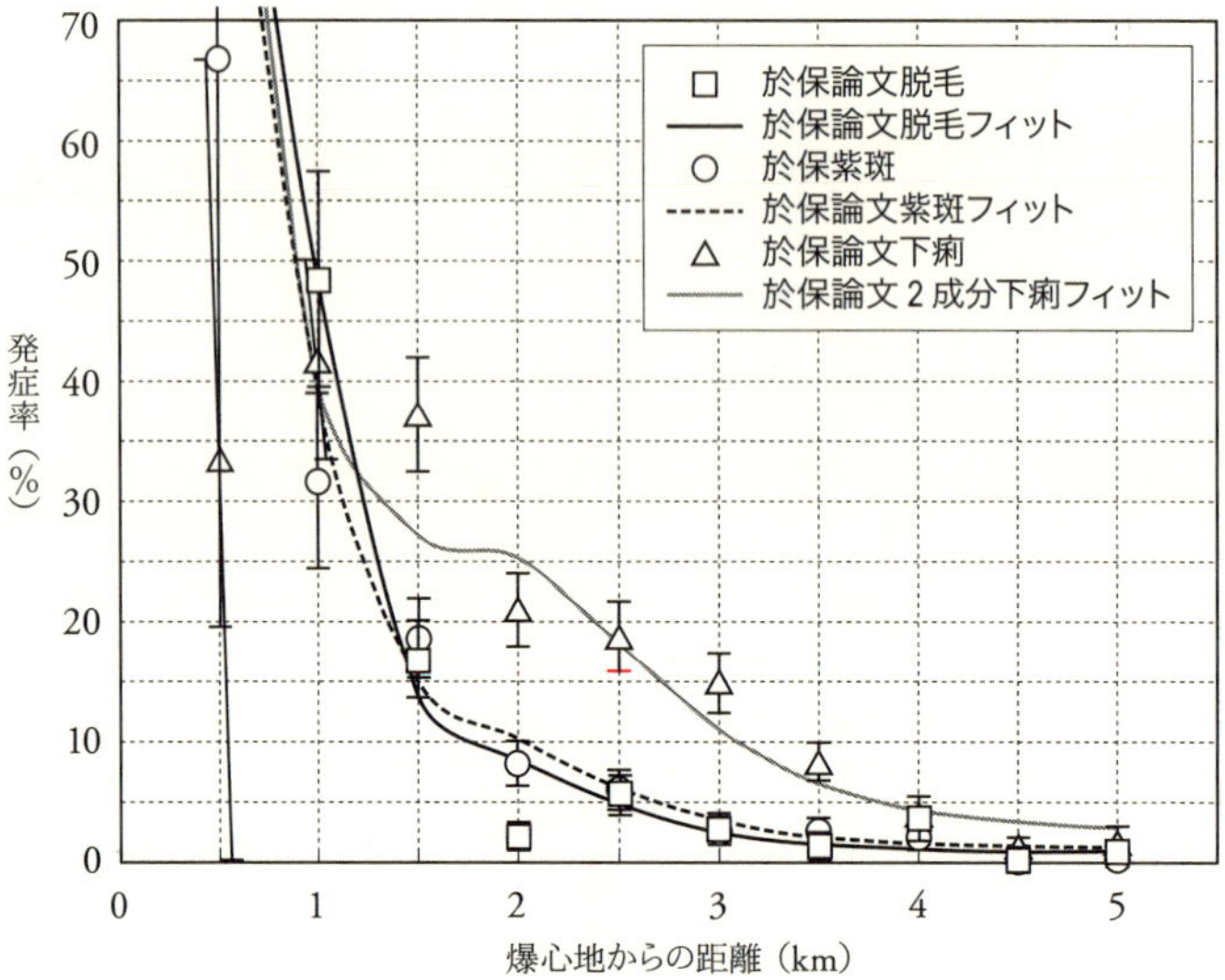

（出所：澤田昭二・名古屋大学名誉教授作成）

図 8-3　広島の於保源作医師による原爆被爆の急性症状（脱毛・紫斑・下痢）調査

率が低いのに、一・五キロ以遠では逆に三倍となっている。この原因は、爆心地に近い所は「初期放射線」が極めて強力で、火災による上昇気流が強いため、放射性降下物の影響が相対的に弱いことにある。下痢は、腸壁の細胞が死んではく離することによって起こる。この細胞は約四日で新しい細胞と入れ替わるが、放射線の影響を受けやすい。しかし、「初期放射線」の透過率の強いガンマ線やベータ線は、薄い腸壁に到達しても、まばらな電離作用をして、腸壁の細胞にほとんど障害を与えないで通過する。このため、「外部被ばく」による下痢は、半致死量を超える高線量でなければ、発症しないと考えられる。一キロ以内で屋内にいて被爆した生存者は、脱毛発症で見られたように、放射線の抵抗力の強い人だったことも反映している（**図8―3**）。

▩放影研と国際放射線の防護基準は「内部被ばく」を無視

これに対し、遠距離では、呼吸や飲食で体内に取り込んだ放射性降下物の微粒子が、腸壁細胞の表面や毛細血管内から、透過力の弱いベータ線やアルファ線を放出し、密度の高い電離作用により、薄い腸壁細胞に障害を与えて、下痢を引き起こす。澤田名誉教授は、「放射性降下物による下痢の発症は、ほとんど純粋に『内部被ばく』であり、下痢と一致した脱毛と紫斑も、『内部被ばく』が主要な影響をもたらしたと推察される」とし、「このように被ばく実態である急性症状の発症率から、放射性降下物の影響は、『内部被ばく』が主要な原因であることが明らかになった」と指摘する。

さらに、同名誉教授は、「これを無視した放影研の研究と、これを基礎にしてきた『国際放射線防護基準』に、『内部被ばく』の深刻さが浮き彫りになった」と結論付けている。放影研は、原爆の放射性降下物を無視し、爆発時の「初期放射線」だけで、「遠距離被爆者」を非被ばくの「比較対照群」にして、被ばく影響によるがんのリスクを求めている。

▩悪性新生物の年間死亡率は、原爆被爆者の方が非被爆者より高い——原医研の研究

がんのリスクがどの程度過小評価になるのか、澤田名誉教授は、広島大学原爆放射線医科学研究所（原医研）が、広島県居住の被爆者の悪性新生物（がん）による死亡率を、同県民の死亡率と比較した研究を用いて、直爆被爆者の悪性新生物による一年間の死亡率と被ばく線量の関係から、一シーベルトの被ばくによる悪性新生物のリスクの増加を求めた。

原医研による広島県被爆者の悪性新生物の年間死亡率の比較調査は、一九六八〜七二年にかけ、被爆者（計

表8-2　広島大学原医研による広島県被爆者の悪性新生物・年間死亡率（男女合計数）

観察期 1968〜1972年	直接被爆者（爆心地からの距離）				被爆者計	非被爆者
	1km 以内	1 〜 1.5km	1.5 〜 2km	2km 以遠		
観察者数	38,605人	103,247人	133,424人	192,960人	791,609人	7,421,760人
悪性新生物死亡数	157人	361人	363人	560人	2,766人	12,151人
年間死亡率	0.407	0.350	0.272	0.290	0.349	0.164

（出所：澤田昭二・名古屋大学名誉教授作成）

七九万一六〇九人）と非被爆者（計七四二万一七六〇人）を対象に実施された。

この比較調査は、男女別、男女合計別の被ばく距離区分ごとに、被爆者と非被爆者の悪性新生物の年間死亡率を示した。被爆者の死亡率は、非被爆者と比べ、いずれも高い。被爆者と非被爆者の割合をみると、男性が被爆者〇・四六七（非被爆者〇・一八九）、女性が被爆者〇・二四六（非被爆者〇・一四〇）、また男女合計が被爆者〇・三四九（非被爆者〇・一六四）となっている（**表8—2**）。

澤田名誉教授の研究は、次のような手順を踏んだ。まず①前記の原医研調査による各区分の放射線量評価体系二〇〇二（DS02）に基づく、「初期放射線」による平均被ばく線量②ABCC調査の脱毛発症率から推定した放射性降下物の平均被ばく線量とその合計③前記表の悪性新生物の死亡率に基づく相対リスク（各区分の死亡率を比較対照群の死亡率で割る）を、「比較対照群」として非被爆者を選んだ場合と、二キロ以遠の「遠距離被爆者」を選んだ場合を示した。

さらに、相対リスクが被ばく線量に比例して増加するとした場合の一シーベルトあたりの相対リスクの増加を、二つの比較対照群（放影研と原医研）の場合について求めた。

▒放射性降下物の影響（内部被ばく）を無視した放影研のがん死亡リスクは、大幅な過小評価

その結果、非被爆者を「比較対照群」に選んだ悪性新生物の死亡リスクは、放影研の研究より男性が五・四倍、女性が三・三倍、男女合計が三・四倍となり、放射性降下物の影響を無視した放影研のがん死亡リスクが、大幅な過小評価になることが判った。

▒ベラルーシの放射線による固形がん発症リスクは、放影研を上回る

さらに澤田名誉教授は、チェルノブイリ原発事故で被災したベラルーシのM・V・マリコ博士（二〇一三年四月に来日）の研究事例を紹介する。マリコ博士は、放射能による固形がんの発症リスクについて、ベラルーシ住民と、放影研による原爆被爆者の寿命調査集団（LSS）とを比較研究した。この研究は、一万人あたりの一シーベルト被ばく時の固形がん年間発症人数の増加（過剰絶対発症リスク）を比較した。その結果、ベラルーシの増加率は、放射性降下物の影響を無視する放影研の手法を採用しない場合の増加率（三・三倍ないし五・四倍）を、やや上回った。

このような結果の出た理由の一つは、原爆被爆者の被ばく線量が、初期放射線の遮蔽効果（爆心地からの距離、建物や丘陵、体内組織など）を考慮した「外部被ばく」影響評価に基づいていることにある。

▒ホールボディカウンターによる被ばく線量評価の再検討が必要

澤田名誉教授によると、もう一つの理由は、ベラルーシの被ばく線量評価が、主にホールボディカウンターを用いた放射性セシウム137の崩壊に伴うガンマ線の測定に、ベータ線による「内部被ばく」の影響を加えて

求めていることだ。

この場合、ベータ線の被ばく線量をシーベルトに換算する際、ＩＣＲＰに従い、「内部被ばく」も「外部被ばく」も同じとし、ガンマ線もベータ線も同等に扱っている。だが実際には、ベータ線の内部被ばくの影響は、ガンマ線より数倍大きい。

さらに同名誉教授は、こうした問題がベラルーシの測定にあるとすれば、同じ方法を用いる現在の福島第一原発事故の被ばくに関わるため、ホールボディカウンターによる測定結果の再検討が必要だと指摘している。

■核兵器、原発推進政策が、放影研の放射性降下物の被ばく影響の無視と、国際放射線防護基準に影響

以上の研究結果から、澤田名誉教授は「核兵器政策や原発推進政策の影響を受け、原爆被爆者の放射線被ばく影響の研究で、国際的に権威を持ってきた放影研の研究は、放射性降下物の被ばく影響を無視する大きな欠陥を抱えている」と糾弾する。同氏は「このため、放射線の被ばく影響を大幅に過小評価し、この放影研の結果に基づくＩＣＲＰや国連科学委員会、国際原子力機関（ＩＡＥＡ）などの国際的な被ばく影響の『放射線防護基準』にも、この過小評価が反映されている」と述べ、さらに次のような問題点を指摘する。

■外部、内部被ばくの同一視は、内部被ばくの特質を無視

一、ＩＣＲＰは、被ばく線量が同じであれば、「内部被ばく」の影響は「外部被ばく」と同じであるとし、急性症状の下痢の発症で見たような、「内部被ばく」の特質を全く無視している。

二、放射線被ばくリスクと、被ばくによる便宜とのバランスをとって、放射線防護の被ばく限度を設定している。

▩人間の健康を最優先しない放射線防護の基準

三、被ばくの危険性の高い人が、一般人よりも被ばく影響に対する抵抗力が強いわけではない。それにも拘わらず、原発の整備などに関わる労働者や、放射線関係の仕事をする労働者の被ばく限度を、一般人の被ばく限度より数倍も大きく、甘くしている。

これは、放射線防護の基準が、被ばく影響から人々の健康を守ることを最優先するものになっていないことを示している。

▩年間被ばく線量の二〇ミリシーベルトへの引き上げは、子どもなどの被ばく防護の欠如

四、福島第一原発事故が起こったので、年間被ばく線量を一ミリシーベルトから二〇ミリシーベルトにするという発想も、被ばく影響の大きい子どもたちも含めた放射線被ばくを防ぐという基本姿勢の欠如に由来している。

さらに澤田名誉教授は、世界の科学者と協力して、真に科学的な事実に基づき、「内部被ばく」も含めた放射線による人体影響を明確にすること、そうした科学的根拠に基づき、健康管理の健診・治療体制の充実を政府に要求すること、福島第一原発事故による被ばく影響を最小限にすることを誓っている。

■放影研の放射線リスク計算は「初期放射線」の被ばく量のみを使用、「残留放射線」の影響は推定誤差として無視〈放影研の反論〉

以上のような「市民と科学者の内部被曝問題研究会」の科学者たちの糾弾に対し、日米両国政府が共同運営する「放射線影響研究所」(放影研)は、途中で現在の名称に変わったにせよ、足かけ六〇年近くも、「被爆」の影響について一体どのような調査研究をしてきたのか。放影研は、前記の「残留放射線に関する放影研の見解」で、「広島・長崎原爆の被爆者など一二万人の『寿命調査』による放射線リスク計算には『初期放射線』による被ばく量のみを用い、『残留放射線』の影響が無視できる程度に少なかった」としている。このリスク計算は、放射線の被ばく量とがん発生(死亡)頻度の関係を表したものだ。

■「残留放射線」量は、初期放射線量の推定誤差の範囲とする放影研

それでは、「残留放射線」の影響、つまり「内部被ばく」が無視できるとする根拠は何か。放影研は次の五点を挙げる。

第一点は、「残留放射線」量は、測定した「初期放射線」量の推定誤差の範囲内にある。原爆投下後の数年以内に分析を行い、大部分の測定は一九四五年八月から十一月に実施し、そのうち一部は広島地方を襲った台風以前に行った。

第二点は、「残留放射線」の一つである「誘導放射線」は、原爆投下後の経過時間別の線量地理分布によって分かっており、投下直後の入市者の行動を被ばく線量でシミュレーションした結果、被ばく量はわずかである。

第三点は、実際に「残留放射線」に被ばくした集団を調査した事例として、NHKによる東広島市の賀北

部隊の調査報告書がある。予備役兵約二五〇人が、原爆投下翌日の八月七日から六日間、爆心地付近で、がれき片付けなど救援活動をした。この間の記録が残る九九人について、広島大学や放影研などが、被ばく線量の推定計算をした結果、大部分は「誘導放射線」の被ばくだった。その推定被ばく線量は最大一〇〇ミリシーベルト、平均値は一三ミリシーベルトだった。一九四五年から四二年間にわたる九九人の死亡率調査で、全死因とがんについて、全国平均と比べ差は認められなかった。

第四点は、別の「残留放射線」被ばくの調査事例として、寿命調査の一部である早期入市者の死因調査がある。原爆投下後一カ月以内に広島、長崎両市に入市した四五一二人に関する、一九五〇〜七八年までの死因調査で、死亡数（全死因とがんによる）が増加している証拠はなかった。

▒原爆の「内部被ばく」を考慮した自前の調査は、長崎の五〇人だけ

第五点として、「内部被ばく」を考慮した調査として、広島・長崎を通じて、放射性物質の降下量が最も多かった長崎市西山地区で、長崎大学と放影研が三回実施した共同研究結果がある。一九六九、七〇、七一年に、住民五〇人を対象に、ホールボディカウンターで「内部被ばく」線量（半減期三〇年のセシウム137）を測定した。その結果、一部の人たちの一九八一年の再測定から推定した半減期七・四年をもとに計算した四〇年間（一九四五〜八五年）の積算線量は、男性一〇〇マイクロシーベルト、女性八〇マイクロシーベルトだった。これは、世界保健機関（ＷＨＯ）が発表した世界の自然放射線被ばく量四〇年分の一千分の一という低い数値だった。

■外部被ばくは加害国の関心事、問われる被爆国としての内部被ばくの研究

以上五点の放影研による残留放射線の「内部被ばく」を無視する根拠をみると、「初期放射線」量から「残留放射線」量を推定し、投下直後の入市者の行動を被ばく線量のシミュレーションで割り出すなど、独自に実施した調査研究データが少なく、原爆の爆発による初期放射線の「外部被ばく」だけしか考えていなかったことが類推できる。「外部被ばく」の影響は、原爆を投下した加害国側の当初の一大関心事であり、原爆の被爆により現在までに計四一万六〇〇〇人を超す犠牲者をだした被爆国に現存する放射線の影響研究機関としては、被ばく問題の新たな展開を謙虚に注視し、改めて科学的にも倫理的にも、公正な調査研究をし直し、その成果を世界に公表する責任がある。

■「初期放射線」推定値だけ用いる被ばく線量推定値には、三五%の誤差

放影研は、放射線リスク算出には、「初期放射線」の推定値のみが用いられており、線量推定システム二〇〇二（DS02）に基づく、個人別の被ばく線量推定値に約三五%の誤差があるとしている。誤差の最大の原因は、被ばく線量推定のために行われた遮蔽調査の聞き取りの誤り（不確実性）だという。

■チェルノブイリ事故以降、大量の内部被ばくの報告が無いと主張する放影研

放影研は、「残留放射線に関する放影研の見解」で、「内部被ばくがクローズアップされるようになったのは、チェルノブイリ原発事故の子どもに甲状腺がんが多発したことによる。それ以降は、幸いにもこのような経路による大量の内部被ばくは、世界中のどこからも報告されていない」と主張する。

▩がん発症リスクは放射線量に依存し、内部被ばくも、外部被ばくも同じとする放影研

さらに放影研は「内部被ばくも、外部被ばくも共にがん発症などの事後影響に寄与し得るが、重要なことは、どちらの場合でもリスクの大きさは、がん発症の当事者たる細胞（幹細胞）の受ける放射線量に依存し、被ばくが外部か内部かの問題ではない」と明言している。つまり「外部被ばく」の場合は、皮膚や途中に介在する体内組織による遮蔽効果まで考慮して、目的とする臓器の線量が計算される。「内部被ばく」の場合は、甲状腺とヨウ素の関係のように、放射性核種（元素）によって体内での代謝が異なり、体内分布に偏りが生じる場合がある。そして、これらすべてを考慮した上で、目的とする臓器での蓄積線量が同じであれば、「内部被ばく」も「外部被ばく」も、リスクの大きさに違いはなく、人の両被ばくによる発がん作用の多くの比較研究で明らかにされているというのである。

▩内部被ばくのがん化は、放射性物質の体内偏在で低下と考える放影研

内部被ばくのがん化について、放影研は「発がんに関係する幹細胞は、普遍的に存在する細胞ではないため、放射性粒子のそばに幹細胞がなければ、細胞のがん化に関与しない。また、局所の放射線が極めて高い場合は、細胞自体が生きられず、がん化のリスクがかえって低下する」と主張。

「このような知見から、国際放射線防護委員会は、体内に取り込まれた粒子からの放射線（つまり『内部被ばく』）によるがん化について、放射性物質が全身に均等に分布した場合に『外部被ばく』と同等になり、偏在した場合にはむしろ低下するのではないか」と言っている。

表8-3　*核開発による被ばくの地球規模の死者数比較（1945〜89年）

影　響	ICRP	ECRR
がん死	117万3606人	6161万9512人
小児死亡	0	160万人
胎児死亡	0	188万人
生活の質の喪失	0	10%

*核開発は核実験、原発事故などを含む
（注）国連科学委員会の数値に基づく比較。ECRRは欧州放射線リスク委員会

▩甲状腺がんは、チェルノブイリの内部被ばくも、原爆の外部被ばくも子どものリスクは同じ

甲状腺がんについて、放影研は「高精度の動物実験で、放射性ヨウ素投与の『内部被ばく』と、X線の『外部被ばく』と比較して、甲状腺発がん頻度に差がない。また『内部被ばく』したチェルノブイリの子ども調査と、原爆の放射線で『外部被ばく』した子ども調査との比較でも、ほぼ同じリスクが証明されている」とし、「チェルノブイリでの放射性ヨウ素のリスク測定値は、『外部被ばく』研究で得られた推定値と有意な違いはない」と反論している。

▩放射線の総量に基づく放射線の影響計算に固執する専門家／ロシアの科学者らが告発

放射線の健康への悪影響について、ロシアの科学者アレクセイ・V・ヤブロコフ、ヴァシリー・B・ネステレンコ氏ら四人の科学者は、共著『調査報告チェルノブイリ被害の全貌』で、専門家の評価に食い違いがあるのは、(原子力産業と関わり、放射線の基準値を決める立場にある)一部の専門家が、第一に放射線の疾患に関する結論を出すには、疾患の発生数と被ばく線量の相関関係が必要だとし、第二に広島・長崎原爆の場合と同様に、放射線の影響は放射線の総量に基づいて算出するしかないと考えているからだ、と告発している。

第9章　欧州放射線リスク委員会（ＥＣＲＲ）の告発と日本

■科学者のルール「科学的合意」の達成を踏みにじる国際放射線防護委員会（ＩＣＲＰ）／対立の研究論文は、査読前に却下《欧州放射線リスク委員会（ＥＣＲＲ）の告発》

欧州放射線リスク委員会（ＥＣＲＲ）は、『放射線被ばくによる健康影響とリスク評価・二〇一〇年勧告』で、国際放射線防護委員会（ＩＣＲＰ）が二〇〇七年の報告書（表9―1）で二八七の参考文献を引用しているが、対立意見の文献は取り上げていないと指弾し、参考文献のうち一二三は査読論文だが、多くは最近までイギリス核燃料公社の技監だった男が編集長を務める雑誌の掲載論文だと告発している。

欧州放射線リスク委員会（ＥＣＲＲ）は、一九九七年に欧州議会ブリュッセル会議の議決により設立された市民組織だ。活用の可能なすべての情報を基礎に分析する立場をとり、査読を経て学術誌に掲載された研究結果だけでなく、査読審査に回されない報告書類、書籍や論文の与える影響なども幅広く考慮に入れている。

科学界には、研究論文の査読審査によって、科学者集団から新しい知見が受け入れられる「科学的合意」を得なければならないルールがある。だから科学者は、自分の研究論文を科学専門誌に投稿し、査読審査を

表9-1 『国際放射線防護委員会（ICRP）2007年報告書』の参考文献の分類

参考文献の数	引用されている機関など	査読審査
91	ICRP ／ ICRU ／ IAEA	無し
21	UNSCEAR ／ NCRP	無し
52	書籍および報告	無し
103	査読のある専門誌	有り
20	ICRP 会員の論文	有り

（注）ICRP ：国際放射線防護委員会
ICRU ：国際放射線単位測定委員会
IAEA ：国際原子力機関
UNSCEAR ：原子放射線の影響に関する国連科学委員会（略称＝国連科学委員会）
NCRP ：米国放射線防護審議会

（出所：「国際放射線防護委員会（ICRP）2007年報告書」）

受ける必要がある。だが、査読者は匿名なので、投稿論文が拒絶（門前払い）される可能性もある。通常は編集者から投稿を断られる。

▒正当な科学的判断の証拠が見えない査読過程

欧州放射線リスク委員会は、まさにここに問題があると指摘する。査読者は自分が信じる見解と対立する投稿論文は、おおかた拒絶する。編集者が拒絶する場合もある。

こうした科学的に正当な判断の証拠が見えない過程は、数多くの重要な科学的成果が公表され、何らかの「科学的合意」に組み入れられる機会を妨害している。

このような偏向の実例として、欧州放射線リスク委員会は、一九七〇年代に創刊された『放射線防護ジャーナル』（*JOURNAL OF RADIOLOGICAL PROTECTION*）を挙げる。同誌にはＩＣＲＰの放射線量体系の信奉者たちが論文を投稿し、お互いの審査によって掲載が決まる。したがって、彼らのモデルに見せかけの信用が与えられ、どんなモデルでも彼らのモデルに同意しない論文は却下されるという。

同誌の編集委員会は、ＩＣＲＰをはじめ、原子放射線の影響に関する国連科学委員会（ＵＮＳＣＥＡＲ）、国際原子力機関（ＩＡＥＡ）といった原子力推進機関が一堂に会する様相さえ呈している。

▒意見を異にする研究論文が学術誌に掲載されると失職も

さらに欧州放射線リスク委員会は、「科学的合意」をゆがめる別のやり方があると告発し、意見を異にする研究結果を学術誌に載せた研究者は、研究資金を失い、往々にして失職の憂き目に遭うと指弾している。

▒引用文献が少ないIAEA、WHOの「チェルノブイリ・フォーラム報告書」

二〇〇五年九月に国際原子力機関（IAEA）、世界保健機関（WHO）が発表した『チェルノブイリ・フォーラム報告書――チェルノブイリの遺産』は、引用文件数が三五〇件に過ぎない。一方、ロシアの科学者アレクセイ・V・ヤブロコフ、ヴァシリー・B・ネステレンコ氏ら四人の科学者が執筆した『調査報告チェルノブイリ被害の全貌』は、引用文献は一千件以上に達する。『チェルノブイリ・フォーラム報告書』では、チェルノブイリの被害者は九千人（死亡または放射線誘発がん）で、子ども四千人が甲状腺がんの手術を受けたが、自然発生がんを考慮すると、正確な死因の特定は困難としている。しかもこの報告書は、福島第一原発事故による健康への悪影響は、それまで考えられていたほど重大ではないと結論付けている。

しかし、『調査報告チェルノブイリ被害の全貌』は、チェルノブイリ由来の放射能に汚染された地域に住む人々は約三〇億人にのぼり、汚染地域は欧州一三カ国の面積の半分以上と、それ以外の八カ国の面積の三〇％に達すると指摘している。

■科学的な根拠ではなく、政治的判断で決められる国際放射線防護基準／ICRP幹部の証言で明らかに

このように世界から厳しい批判にさらされているICRPの国際放射線の防護基準について、肝心のICRP内部の幹部は、どのように考えているのか。ICRPは、被ばく線量が一〇〇ミリシーベルトを超えると、がん死亡リスクが〇・五％増えるが、一〇〇ミリシーベルト以下の低線量被ばくだと、がん死亡リスクが増えるか分からないとしている。しかし、原爆、核実験の被爆と原発事故の被ばく(曝)の三重被ばくをした日本の政府は、一〇〇ミリシーベルト以下の低線量被ばくは安全という立場をとっている。

このICRPの一〇〇ミリシーベルトを基準とするがん死亡リスクについて、NHKは二〇一一年十二月二十八日の番組「追跡・真相ファイル」で、ICRPのクリストファー・クレメント科学事務局長とチャールズ・マインホールド名誉委員に直接、質している。クレメント事務局長は、「広島・長崎の被爆者実態調査ではがん死亡リスクは一％(二倍)だったが、委員会が半分の〇・五％にした。低線量リスクを半分にした理由は、委員の就任前だったので分からない」と語った。

しかし、マインホールド名誉委員は、当時のICRPの委員一七人のうち一三人が、各国の原発や核兵器の関係者で原子力推進派だったことを明らかにし、「原発や核施設への配慮や、労働者の基準を甘くしてほしいという要望があり、エネルギー省も同じ意見だった」と述べた。さらに同氏は「核施設の安全コストが莫大になるので、低線量リスクの引き上げに抵抗があった。そこで低線量リスクを半分にした上に、労働者に子どもや高齢者はいないので、労働者の基準を二〇％引き下げたが、その科学的な根拠はなかった」と、驚くべき証言をしている。この両者の証言から、ICRPが(一)国際放射線防護基準を科学的な根拠ではなく、政治的な判断で決めていること(二)低線量放射線による内部被ばくを著しく過小評価していること

（三）日本政府はこうした防護基準を鵜呑みにして、公正中立な検証組織を創設して検証もせず、低線量被ばくの健康への影響を軽視して、福島第一原発事故の処理を進めていることが、より明白になったと言える。

■地下水脈を通じ、スクラムを組む世界の原子力推進機関ICRP、NCRP、UNSCEAR、IAEAなど

世界の放射線防護基準を主導する国際放射線防護委員会（ICRP）は、広島・長崎原爆投下の翌年（一九四六年）に設置された米放射線防護審議会（NCRP）が発展して誕生した。

NCRPは、アメリカの核関連技術開発に関わる機関であり、ICRPはNCRPの国際部門を担当する組織で、自ら研究はせず、原子放射線の影響に関する国連科学委員会（UNSCEAR）から科学論文の提供を受けている。国連科学委員会も自ら研究はせず、他の研究を引用して報告書をまとめている。

これら三機関に、国際原子力機関（IAEA）を加えた、放射線リスクに関わる四機関は、相互に役職など人脈でもつながっている。

自ら研究活動も実施する欧州放射線リスク委員会（ECRR）は、『放射線被ばくによる健康影響とリスク評価・二〇一〇年勧告』で、「各国政府が『科学的合意』の議論について依存する全ての機関が、完全に内部でつながっており、国際放射線防護委員会の一つだけのリスク・モデルに頼り切っている」と告発している。

さらにECRRは「国際放射線防護委員会は、他の機関から独立しておらず、他の機関は同防護委員会から独立していない。この体系は自家撞着であり、悪しき科学と偏向と誤った結論が行き交う、脆弱な回勅文書に支えられる要塞都市である」と切り捨てている。

表9-2　国際原子力機関（IAEA）と世界保健機関（WHO）の間の協定

第1条　協力と協議 3項

一方の機関は、他方の機関が重大な関心を持つか、持つ可能性のある計画または活動に着手する際には、いつでも相互合意にもとづく調整を図るため、前者は後者と協議するものとする。

（出所：日本消費者連盟）

■チェルノブイリ事故の健康影響研究の欠如は、国際原子力機関（ＩＡＥＡ）と世界保健機関（ＷＨＯ）の協定が大きな障害

放射線被ばくが健康と食糧へ及ぼす影響について、他の国連機関はどのように対応しているのか。世界保健機関（ＷＨＯ）は、一九五九年に国際原子力機関（ＩＡＥＡ）との間に、（放射線の健康への影響など）双方の重大関心事に関する事前の調整協議を定めた協定を結んだ（表9―2）。

この協定の影響は、ＷＨＯだけでなく国連食糧農業機関（ＦＡＯ）にまで及んでいる。チェルノブイリ原発事故の健康影響に関する研究の欠如は、ＩＡＥＡの関与とＷＨＯを骨抜きにしたことにあると指摘されている。

すでに取り上げた国連や国際組織以外に、ＩＣＲＰは、その設立経緯から国際放射線単位測定委員会（ＩＣＲＵ）、国際労働機関（ＩＬＯ）、国連環境計画（ＵＮＥＰ）、欧州共同体委員会、国際標準化機構（ＩＳＯ）、国際電気標準会議（ＩＥＣ）とも重要な関係を保っている。

ＩＣＲＰの構成員として席が配分されているのは、医師、医療規制当局者、放射線学者、生物物理学者らに過ぎない。偏らないリスク評価には、欧州放射線リスク委員会のように「御用学者」ではない公衆衛生や労働衛生、腫よう学、小児医療医師をはじめ、遺伝学、疫学、生化学を専門とする科学者の参加が必要なのである。

■日本では「外部投稿票制度」で研究者を管理、違反者は論文発表も、昇進も認めず

では、日本の実態はどうなっているのか。原子力の研究現場や研究者はどのような状況に置かれていたのか。その実態は〝国際原子力ムラ複合体〟による研究者締めつけとほとんど変わらない。

アメリカ売り込みの原発（軽水炉）は一九七〇年代前半、安全性と経済性が実証された原発として宣伝されていたが、実際は事故や故障でほとんど動いていなかった。当時の自民党政権は国策として「安全」をキャッチフレーズに原発推進政策を打ち出し、東京大学や日本原子力研究所（現日本原子力研究開発機構）がこれに追従した。

すると、それまで自由だった論文や国際発表に、日本原子力研究所（以下、**原研**）では、事実上の検閲が行われるようになった。物理学者で技術評論家の桜井淳《きよし》氏は、著書『原発裁判』で「原子力発電に肯定的なことを記載する内容であれば、そのまま発表を許可する。そうでない内容は全部却下して、社会に発表されないようになった。『軽水炉は安全』という社会的イメージを作り上げるために、原研では徹底的な研究者管理がなされるようになった」と告発している。

同書によると、一九七〇年代前半に「外部投稿票」という制度が導入された。学会や国際会議で研究発表する場合には、この「外部投稿票」に発表者の名前、所属研究室、学会の名称を記載が義務づけられた。さらに、発表内容の要旨を四百字詰め原稿用紙一枚程度にまとめて添付し、発表する原稿や論文の全文もコピー添付して研究室長に提出しなければならなくなった。室長や部長の印鑑がもらえる条件は、ただ一つ「軽水炉は安全で経済的」で、これから外れたものは全部却下された。「外部投稿票制度で、原研も安全神話の虚

構作りに加担してしまった」と、桜井氏は回顧している。

研究者の評価は、本来なら論文の質と数で決まる。桜井氏は「原研では、いくらよい論文を書こうが、いっさいの昇進が認められなくなってしまった。人事権を駆使した研究者管理は、自民党（当時）の政策と電力会社の方針に完全にマッチしていた」と指摘している。

▓市民の生活と安全の視点を欠いた、日本の原子力技術の規格作り――原子力市民委員会が指摘

それでは、このように研究者の自由を奪う日本の〝原子力ムラ〟社会の規制と学協会、業界との関係はどうなっているのか。

シンクタンク**「原子力市民委員会」**（吉岡斉座長）は『原発ゼロ社会への道――市民がつくる脱原子力政策大綱』で、「原子力規制が公正であるためには、原子力規制委員会や規制庁のあり方だけでなく、それを背後で支える学協会や学者たちの振る舞いが、公正中立なものかどうか問われなければならない。学協会は、電力会社と一体化し、中立と言えるものではなく、公正とは、はるかかけ離れたところにある」と告発している。

原子力市民委員会によると、日本の原発の技術基準は、三つの学協会が制定した民間規格を規制当局が取り入れる形になっている。この三学協会は、日本機械学会、日本原子力学会、日本電気協会であり、これらの学協会には、それぞれ発電用設備規格委員会、準備委員会、原子力規格委員会があり、規格作成の取りまとめをしている。一般の産業界と同じように、規格には業界の意向が強く反映され、多くは業界や官僚が主導して作った規格なのだ。

原子力規制では、規格学会や原子力学会における規格作りは、一見、学会員が参加できるオープンな場での議論という形をとっている。だが実際には、その業界に深いかかわりや利害関係を持つ学者集団によって運営されている。中立的立場の学者の参加はまれで、市民の意見を聞こうという姿勢も希薄である。規格とその運用には、市民の生活と安全が関わるが、これら学協会が作成する規定などは専門用語が連なり、一般の目にも触れることがなく、問題点をつかむことも難しい。

原子力市民委員会は「このような状況は、基準作りに限らず、学会のあり方全般に関わる問題であり、技術開発において、技術者がどうあるべきか問われている」と告発している。

■原子力に必要な公益通報（内部告発）、特定機密保護法で危機に——原子力市民委員会が警告

福島第一原発事故は、原発が決して安全でないことを如実に示した。自浄能力の乏しい日本の〃原子力ムラ〃社会に巣食う情報隠蔽体質と閉鎖性を打破しなければ、いずれ福島原発のような過酷事故は再発するだろう。

「**原子力市民委員会**」は、「日本には、公益通報が制度上あるとはいえ、全く機能せず、根づいていない。原発の安全を守ろうとする告発者を保護しないのであれば、『安全文化』が成り立たないのは明らかだ」と警告する。

さらに**原子力市民委員会**は、「特定秘密保護法によって、原子力規制・審議の公開性、透明性および公益通報（内部告発）の保護が、さらに危うくなることを懸念する」との声明を発表している。

原子力市民委員会によると、アメリカでは一九八九年に「公益通報者保護法」が制定され、原子力分野で

も一九九六年に原子力規制委員会（ＮＲＣ）が「原子力産業に働く従業員が報復の恐れなく、安全上の懸念を提起する自由に関する政策声明書」を公表し、同業界従業員の内部告発が可能になった。ＮＲＣ職員の内部告発制度も設けられている。

日本では、原子力史上初めて刑事責任を問われた茨城県東海村のＪＣＯ臨界事故（一九九九年）の反省を受け、三年後に「原子力施設・安全情報申告制度」ができた。だが、設置された申告調査委員会は公益通報者を電力会社に連絡し、逆に摘発する委員会となった。さらに日本では、二〇〇六年に「公益通報者保護法」が施行され、内閣府・消費者庁の管轄となったが、この法律に保護された公益通報者は見当たらない。

原子力市民委員会は、公益通報制度は「内部告発者通報制度」になりさがったと批判している。

さらに日本では、アメリカのような原子力規制組織の職員の公益通報者保護規定は、制定されていない。「原子力施設・安全情報申告制度」下の申告調査委員会は、原子力規制庁の下部組織になったが、原子力推進組織の委員が多数残留したままとなっている。

第Ⅳ部

福島原発事故は虚構の上に成り立つ国の犯罪

第10章　原子力中心に組み立てられた日本社会
――原発再稼働と賠償、廃炉などの巨費は国民のツケに――

▒国策の原子力推進を中心に組み立てられてきた日本の関連法体系

日本の原子力政策は国策の根幹として推進されており、一連の関連法体系は、原子力を中心に組み立てられてきた。

敗戦一〇年後の一九五五年に制定された**原子力基本法**の基本方針第二条は、「原子力の研究、開発及び利用は、平和の目的に限り、安全の確保を旨として、民主的な運営の下に、自主的にこれを行うものとし、その成果を公開し、進んで国際協力に資するものとする」と記されていた。

▒福島原発事故後の原子力基本法の一部改正で「我が国の安全保障に資する」を追加

ところが、福島第一原発の過酷事故の翌年（二〇一二年）に、原子力基本法が突如改正され、前述の基本方針第二条第一項に、次のような新しい項目（第二項）が追加された。

「前項の安全の確保については、確立された国際的な基準を踏まえ、国民の生命、健康及び財産の保護、環境の保全並びに我が国の安全保障に資することを目的として、行うものとする」。

この「国民の生命、健康及び財産の保護、環境の保全」はさることながら、「我が国の安全保障に資する」という規定については、「原子力の研究、開発及び利用は、平和目的に限り、安全の確保を旨とし、安全保障にも資する」のだから、国際情勢により万一、日本の安全保障が脅かされる場合、核兵器開発の可能性を日本が残しているのではないかという解釈が根強い。

▒放射性物質が「環境汚染物質」ではなかった日本

福島第一原発の過酷事故から放出された放射性物質は、だれがみても「環境汚染物資」であることが証明された。

ところが、エネルギー、環境、健康など一連の法体系の中核に座る、原子力の放射性物質は、これまで別格扱いとし、環境汚染物質から除外してきたのである。

▒環境基本法は放射性物質を原子力基本法へゲタを預け、原子力基本法は環境への影響に言及せず

リオ地球サミット（環境と開発に関する国連会議）の翌年（一九九三年）に制定された環境基本法は、第一三条（放射性物質による大気の汚染等の防止）で「放射性物質による大気の汚染、水質の汚濁及び土壌の汚染の防止のための措置については、原子力基本法その他の関係法律で定めるところによる」と定めている。

その原子力基本法と言えば、第八章で「放射線による障害を防止し、公共の安全を確保するため、放射性物質及び放射線発生装置に係る製造、販売、使用、測定等に対する規制その他保安及び保健上の措置に関し

ては、別に法律で定める」としているだけで、環境への影響には言及していない。

環境基本法の個別四法（大気、水質、土壌汚染防止、廃棄物処理法）も放射性物質を除外

しかも、環境基本法の重要な個別法である大気、水質、土壌汚染防止および廃棄物処理に関する四法は、すべて放射性物質を環境汚染物質から除外しているのである。

大気汚染防止法（一九六八年制定）、水質汚濁防止法（一九七〇年）および廃棄物の処理・清掃法（一九七一年）の三法は、放射性物質に全く言及せず、無視している。

唯一、土壌汚染対策法（二〇〇二年）は、第二条の「特定有害物質」で放射性物質に触れてはいるが、ご丁寧に特定有害物質から「放射性物質」を〝適用除外〟としている。

環境アセス法も、放射性物質を適用除外

水俣病、四日市ぜんそく、イタイイタイ病、新潟水俣病という、戦後の四大公害事件を苦い教訓として、**環境影響評価法**（環境アセス法）が、一九九七年にようやく制定された。同法は環境省と経済産業省の綱引きの末、適用事業対象に「発電所」を加えた。

その環境アセス法でさえも、第五二条（適用除外）で「この規定は、放射性物質による大気の汚染、水質の汚濁（水質以外の水の状態又は水底の質が悪化することを含む）及び土壌の汚染については、適用しない」と規定しているのである。

■「放射性物質汚染対処特別措置法」が、放射性物質を初めて環境汚染物質として認定

これまで日本には、環境へ放出された放射性物質による汚染に対処する法律がなく、被災地の混乱と対策の遅れを招いた。二〇一一年八月、福島第一原発事故で放射性物質に汚染された廃棄物の処理や土壌などの除染を国の責任で行う**「放射性物質汚染対処特別措置法」**が議員立法として成立した。

この特措法の正確な名称は、「放射性物質による環境汚染への対処に関する特別措置法」である。

同特措法は、福島第一原発事故から放出された放射性物質による環境汚染が、人の健康または生活環境に及ぼす影響を速やかに低減することを目的として定めており、政府が原発の放射性物質を初めて環境汚染物質として認定した法律と言える。

処理対象の廃棄物は、ごみ、粗大ごみ、燃え殻をはじめ汚泥、ふん尿、廃油などであり、除染措置の対象は、土壌、草木、工作物、水路の堆積汚泥などだ。

ただ、この特措法は処理、除染の対象物を「福島第一原発の事故由来の放射性物質に汚染された」廃棄物や土壌などに限定しているため、今後、他の事例には即適用しない「時限立法」とも解釈できる。

■日本の原子力関連の主な国内法は二七法も——政令・省令などは二〇〇以上、国際法は一六法

原子力プラントは、大小一千万を超す部品で組み立てられた巨大な複合構造物である。だから、原子力関連の法律もたくさんあって、その法体系は複雑である。

日本の場合、原子力関連の主な国内法は二七法も存在し、さらに国際法が後述の条約を含め一六法あり、いかに原子力が特別扱いされ、重要視されているかが分かる。

表10-1　日本の主な原子力関連27法の一覧（順不同）

	法律の名称	制定年	目　的
1	原子力基本法	1955年	平和利用とエネルギー資源
2	原子力委員会・原子力安全委員会*設置法	1955年	行政庁の規制活動の監視
3	原子炉等規制法	1957年	災害防止、核燃料物質防護
4	放射線障害防止法	1957年	放射性同位元素などの規制
5	労働安全衛生法	1972年	労働者の安全と健康確保
6	（独）原子力安全基盤機構法	2002年	災害の予防、防止、復旧
7	電気事業法	1964年	発電設備の安全規制
8	特定放射性廃棄物最終処分法	2000年	使用済み燃料再処理後処分
9	核原料物質・核燃料物質規制法	1957年	自然災害やテロからの防護
10	船舶安全法	1933年	核燃料物質の海上輸送届出
11	航空法	1952年	核燃料物質の航空輸送禁止
12	激甚災害法	1962年	激甚災害時の国の財政援助
13	民事訴訟法（民訴法）	1996年	賠償規定を原賠法に補充適用
14	放射線人命等危険行為等処罰法	2007年	放射線発散行為の処罰
15	原子力災害対策特別措置法	1999年	災害発生時の適格な対応
16	原子力損害賠償法（原賠法）	1961年	賠償制度の全般的な枠組み
17	原子力損害賠償補償契約法	1961年	事業者と国の補償契約
18	原子力損害賠償仮払法（仮払法）	1961年	国が賠償を仮払い東電に請求
19	原子力事故被害緊急措置法	2011年	国が迅速に仮払い損害を填補
20	原子力損害賠償支援機構法	2011年	事業者に賠償資金交付
21	原子力事故避難者特例法	2011年	避難者、移転者の事務処理
22	原子力事故災害地方税等一部改正法	2011年	避難区域の地方税を免除
23	放射性物質汚染対処特別措置法	2011年	福島原発事故の除染等処理
24	福島復興再生特別措置法	2012年	国の責任で復興・再生を実施
25	原発事故子ども・被災者支援法	2012年	福島原発事故の被害者支援
26	原子力規制委員会設置法	2012年	原子力規制の独立組織
27	国家賠償法	1947年	国の故意又は過失を損害賠償

＊原子力安全委員会は2012年廃止。

（作成：筆者）

国内法は、原子力基本法を頂点に、原子力委員会および原子力安全委員会設置法／放射線障害防止法／原子炉等規制法／労働安全衛生法／独立行政法人・原子力安全基盤機構法／電気事業法、といった法律が、「絶対安全神話」で固めた剛構造ピラミッドの上部構造を形成。これらの法律の下に、さらに二〇〇以上にのぼる政令、省令（学会規格も含む）および告示などが、ぶら下がって下部構造をつくり、各省庁の省益や利害が絡む複雑な法体系を構成している（**表10―1**）。

▒被災者の生命を守る倫理的、人道的な視点を欠いた事故以前の国内法

主な国内法二七法のうち三分の一弱（八法）は、福島第一原発事故以降に制定された。事故以前の法律は、概して原子炉や核燃料物質を、災害や犯罪などから守るといった「唯物的で専門技術的な法律」が中心であり、事故発生時の一般の被災者の生命を守る「倫理的、人道的な視点」が欠けていた。

原子力があって、人間が存在するのではない。人間が存在して、原子力があるのだ。原子力関係者は、この順序を間違えている。

福島第一原発の過酷事故以降、「避難者特例法」、「放射性物質汚染対処特措法（除染など）」、「原発事故子ども・被災者支援法」など新法により、ようやく被災者の権利が考えられるようになった。

「原子力基本法」に、新方針「国民の生命、健康及び財産の保護、環境の保全」が加えられた。

「原子力委員会および原子力安全委員会設置法」の原子力安全委員会（内閣府）を廃止し、同安全委と安全保安院（経産省）の職務を、新設の「原子力規制委員会設置法」に統合し、原子力政策を推進する側の内閣府や経産省から原子力規制機関を切り離し、原子力規制委員会が独立した。

▒「原発事故子ども・被災者支援法」は一年以上放置し、基本方針を策定／公募意見ほとんど無視

しかし、二〇一二年六月に成立した、人道的な「原発事故子ども・被災者支援法」は、同年秋に政権が民主党から自民党に交代し、基本方針を未策定のまま一年以上も放置され、宙に浮いた状態となった。

このため、「原発事故子ども・被災者支援法推進自治体議員連盟」が二〇一三年八月二日、全国の地方議員約三八〇人の参加のもとに東京の参議院会館で発足し、政府に対して具体的な施策づくりを急ぐよう迫った。また、一部の被災者が同月二十二日、国の不作為を糾す訴訟を起こした。

すると、政府（復興庁）は、同月三十日に突如、同法の「被災者生活支援等施策の推進に関する基本的な方針（案）」を公表した。

人道的に手厚い政策が問われるこのような法律は本来、広く国民から有意な意見を吸い上げ、被災者の救済に生かす必要がある。

ところが、その機会は二四日間の「パブリックコメント」（意見公募）と、たった二回の説明会だけで閉じられた。それも、意見公募の期間は当初二週間で、強い批判を浴びたため、締め切りが十日間延ばされた。

さらに政府は、基本方針案の公表から、一カ月半も経たない十月十一日に、基本方針を閣議決定すると同時に、それまで公表を控えていた公募意見（四九六三件）の主な内容だけを一挙に発表したのである（表10―2）。

「パブリックコメント」や説明会は、本当に国民の声を受け止めているのか。政府が単に法制度の手続き上、事務的に実施しているに過ぎないという、「始めに結論ありき」のしらけムードが、今回も否めなかった。

『東京新聞』（十月十二日付）は、「基本方針は、年間一ミリシーベルトを基準とするよう求めた被災者の反

公募意見と政府見解

分　野	公募意見	政府見解
Ⅲ　家庭・学校等の食の安全確保（217件）	・放射線検査をもっと充実させてほしい。 ・全品検査をしてほしい。 ・セシウムの他ストロンチウムの測定も。 ・水道水の濾過装置の義務付けを。	・検査用食品の回収や全品検査は現実的に困難で、モニタリング検査が効果的。水（10ベクレル以上）は未検出で、義務付けは不要。
Ⅲ　住宅の確保（765件）	・応急仮設住宅の新規受付再開や柔軟化、期限の延長をすべき。 ・住宅の確保について。	・福島県に帰還の場合、応急仮設住宅の住み替え、代替住宅の確保などで対応。
Ⅲ　避難者への就労の支援（424件）	・避難先・県外での就労支援を。 ・移住者向けの支援を。 ・区域外避難者への就労支援を。	・地元への帰還就職、ハローワークや避難先での就職支援をしている。
Ⅴ　手続（2063件）	・パブリックコメントの期間は最低1カ月／全国各地の公聴会／常設の協議機関設置を。	・パブコメは10日延長／被災者支援団体と協力、意見は聞く。
Ⅴ　その他の意見（960件）	・東京オリンピックより被災地復興に予算を使うべき／年間5ミリシーベルト以上の汚染地域は、国を挙げて移住政策を行うべき。	・政府の避難指示地域以外は、生活継続か、他地域へ避難するかは住民の判断により支援。

（復興庁「原発事故子ども・被災者支援法の基本方針」公募意見の主な意見を筆者が抽出）

表10-2 「原発事故子ども・被災者支援法の基本方針」

分　野	公募意見	政府見解
Ⅰ　施策推進の基本的方向（405件）	・避難・移住の権利を認めること、放射線の健康影響が未解明なことを明示すること。 ・健康への危険は、科学的に未解明。	・継続居住、移動、帰還を被災者の選択に応じ、適切に支援する。
Ⅱ　支援対象地域の事項（2707件）	・年間1ミリシーベルト以上の地域にするなど、広く設定すべき／地域が狭すぎる。 ・事故後の20ミリシーベルト引き上げはおかしい、1ミリシーベルトに設定を。 ・年間1ミリシーベルト以上の汚染状況重点調査地域の市町村は、支援対象地域と異なる地域とすべきでない。	・福島県中通り・浜通りは相当な線量が広がっていたので、支援対象地域と定めた。 ・20ミリシーベルトは避難指示基準で、支援対象地域の線量の上限、下限は相当な線量である。
Ⅲ　汚染状況調査（103件）	・放射線モニタリングの範囲について、空間線量だけでなく土壌調査も測定すべき。 ・高濃度汚染水の地下水、海域への汚染調査を拡充する必要がある。	・これまで4回福島県を中心に土壌を測定し、マップ化した。 ・近傍海域のストロンチウム濃度も定期的に測定している。
Ⅲ　除染（162件）	・両親の家の除染は雑で考えにくいものだ。 ・除染は定期的に、風雨で線量が変わる。 ・除染は効果があるのか。 ・山林も除染してほしい。	・除染特別地域は国が、特別地域内除染は10市町村が実施。 ・高圧洗浄で30 〜 70％の効果。 ・住居近隣の森林除染を優先。
Ⅲ　医療の確保（67件）	・他県や被災地外の通院・入院の早期整備。 ・低線量地域での出産に県外病院と連携を。 ・医療・介護費の一部負担金の免除復活を。	・地域医療再生基金で医療人材の確保、医療センターの運営。 ・保険者の負担で減免が可能。
Ⅲ　子どもへの就学援助（104件） Ⅲ　家族と離れた子の支援（27件）	・就学支援の平成26年終了はあり得ない。 ・移住希望者に住居、就労、就学の金銭的な支援の実施を／避難した子どもの転園・転校手続き／自主避難者子弟の幼保育園優先受け入れ／心身両面のケア施策、保育所費用の減免／母子避難の託児施設の確保などを。	・被災児童生徒の修学支援等臨時特例交付金による授業料減免措置や奨学金事業の実施／地方自治体の通知等での弾力的受け入れ／各自治体の精神保健福祉センター、保健所が相談や訪問など対応。

対を押し切って閣議決定された。内容のほとんどはすでに実施済みの施策であるうえ、国民や福島県に近い自治体から寄せられた声や要望を聞き入れて見直したり、追加したりすることもなかった」と批判した。

■福島県の東側半分を「支援対象地域」、県外も含む広い地域を「準支援対象地域」に

「原発事故子ども・被災者支援法」の「基本方針」は、被災者の①生活支援を推進する政策の基本的方向②支援対象地域③生活支援を施行する基本的な事項を定めている（図10—1）。

この基本方針で重要なのは、第二項で福島県の東側半分の中通り・浜通り（避難指示区域などを除く）を「支援対象地域」に、さらに同対象地域より広い地域（県外を含む）を施策ごとに支援する「準支援対象地域」に設定したことだ（図10—2）。

■明らかになった支援対象地域の被ばく上限値二〇ミリシーベルトと被災者の定義

「原発事故子ども・被災者支援法」は、前述のように「被災者」について、「一定の基準以上の放射線量が計測される地域の（現在と過去の）居住者、政府の避難指示による避難者およびこれらの者に準ずる者」と規定している。

だから、肝心な「一定基準」を明確にしない限り、「支援対象地域」を定め、「被災者」を認定することができなかった。

基本方針で重要なのは、政府がパブリックコメントの主な意見に関する政府見解で、この一定基準の上限値を、避難指示の発令基準値である「年間二〇ミリシーベルト」とし、下限値を「相当な線量」とすること

「原発事故子ども・被災者支援法」の基本方針の概要

1. 政策推進の基本的方向性

放射線による健康不安を感じる被災者や、生活上の負担が生じている被災者に対し、基本方針に基づく支援により、被災者が安心して生活できるようにする。

2. 支援の対象地域

(1) 支援対象地域

原発事故発生後、相当な線量が広がっていた福島県中通り・浜通り（避難指示区域等を除く）を法第8条に基づく「支援対象地域」とする。（＊次頁図を参照）

(2) 準支援対象地域

支援対象地域以外の地域に、支援対象地域より広い地域で支援を実施するため、施策ごとの主旨目的に応じて「準支援対象地域」を定める。（＊次頁図を参照）

3. 施策の基本的事項

被災者支援施策パッケージ（2013年3月15日発表）に盛り込んだ施策のほか、福島近隣県を含む外部被ばく状況の把握、自然体験活動、民間団体を活用した被災者支援施策の拡充・検討を予定。

（出所：復興庁）

図 10-1 「原発事故子ども・被災者支援法」の基本方針の概要

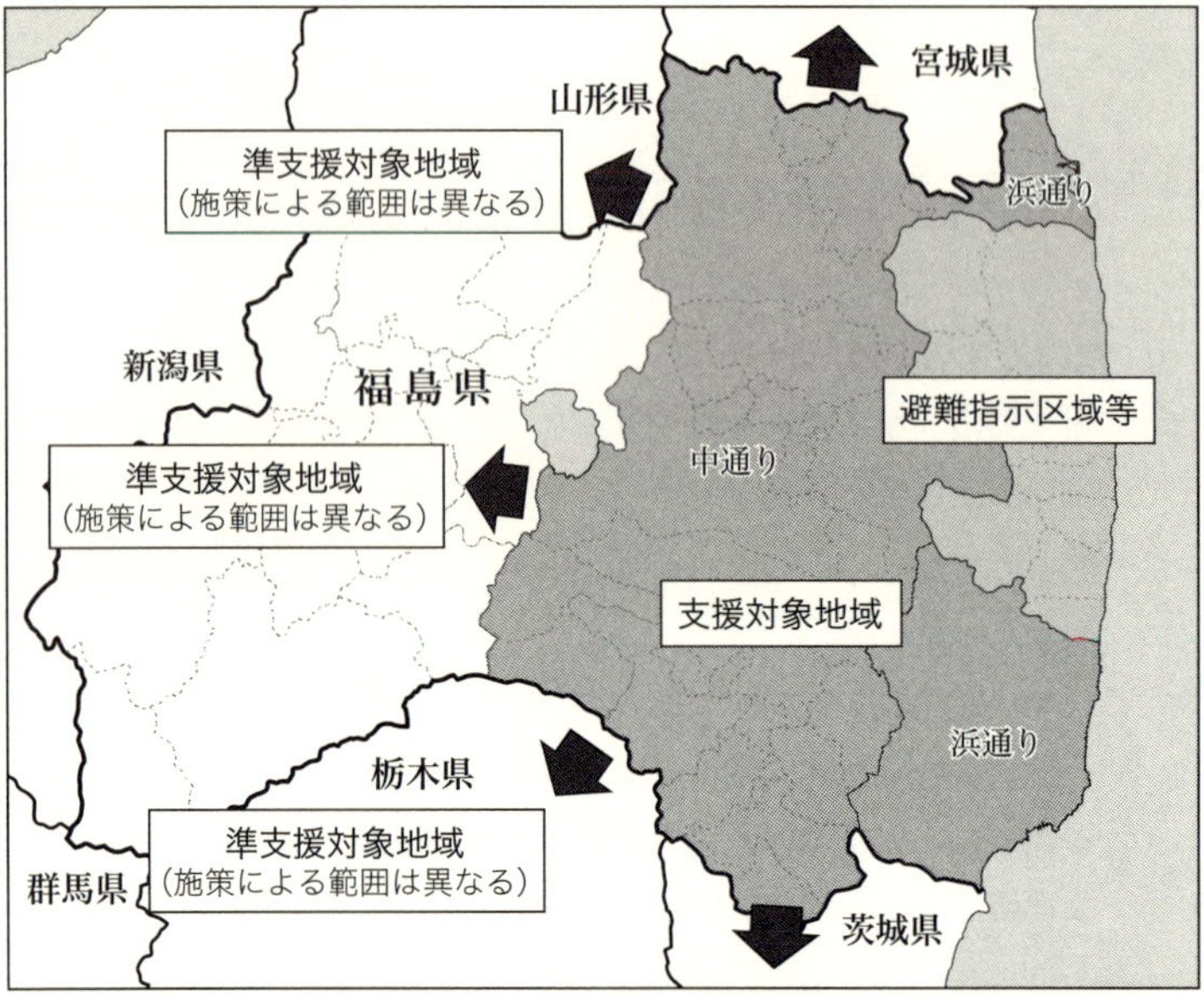

（出所：復興庁）

図 10-2　「原発事故子ども・被災者支援法」の支援対象地域

を明らかにした点である。

この「相当な線量」の数値は不明だが、これによって、「被災者」とは、相当な線量から二〇ミリシーベルトまでの地域（現在と過去の）居住者、避難指示区域の避難者とこれに準ずる者ということになる。

次に重要なのは、下限値「相当な線量」の具体的な数値の設定である。

基本方針とパブリックコメントの主な意見に関する政府見解の当該事項には、不思議なことに、政府が掲げている一般人の被ばく基準値（安全値）一ミリシーベルトについて言及がない。

■一般人の安全値一ミリシーベルトは事実上骨抜きに／立ちはだかるリスク便益分析の政治

政府はすでに福島県の避難指示解除準備区域の年間被ばく線量を二〇ミリシーベルト以下へと引き上げ、住民の帰還を推進している。

その一方で、第2章で詳述したように、政府は「クリアランス制度」を駆使し、低レベル放射性廃棄物の全国拡散一般ごみ処理化を推進し、今後の福島原発や老朽原発の廃炉で増える放射性廃棄物の処理計画の準備に余念がない。

その場合、一般人の被ばく基準値（安全値）一ミリシーベルトは障害になる。避難指示解除準備区域の年間線量は、当面五ミリシーベルト程度とされる。政府はまずこの程度の線量を周知させて、一般人の被ばく基準値一ミリシーベルトを事実上骨抜きにして、放射線に対し不感症にしようとする意図が垣間見える。一般人の被ばく基準値を暗黙にでも引き上げることが出来れば、対策費が少なくて済むからである。

この背景には、費用対効率を重視するリスク便益分析（リスク削減費用）による冷徹な政治力学が働く。東日本大震災の復興費と合わせて、福島第一原発の過酷事故の対策費用は、被災者支援、損害賠償をはじめ、除染作業、中間貯蔵施設の建設、汚染水処理、廃炉作業などで急増する巨額の予算は、国と地方の長期債務（借金）が一〇三五兆円に膨れ上がった予算から捻出させる必要がある。その情熱を為政者が持ち続けられるかが問われているのだ（表10―3、図10―3）。

表10-3　東日本大震災の復興予算

年　度	予算額
2010年度	1181億円
2011年度	15兆0697億円
2012年度	4兆0931億円
2013年度	4兆9478億円
2014年度	3兆6464億円
合　計	27兆8751億円

（出所：復興庁）

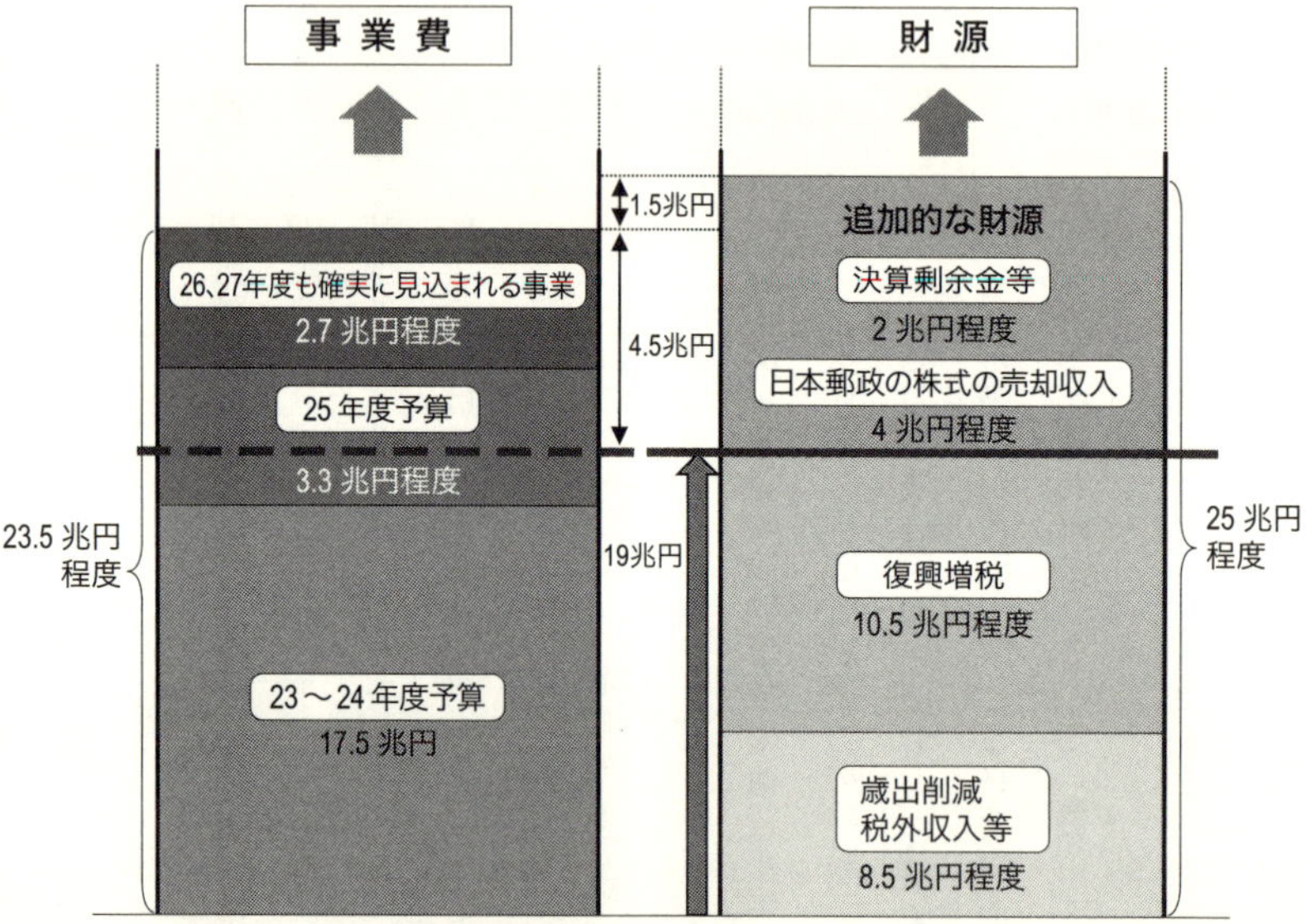

（出所：復興庁。電力事業者などの負担経費は含まれていない）

図 10-3　東日本大震災の復興事業費と財源（2011（平成 23）年度から 5 年間）

▒福島の損害賠償は、原賠法で原子力事業者に責任集中／被害者の立証が必要ない「無過失責任」

日本の場合、福島第一原発事故から生じた損害賠償には、「**原子力損害賠償法**」（以下、**原賠法**）が適用される。原賠法は、原子力事業者に対し、「無過失責任」に加え、民法上の原則である「無限責任」を負わせ、事業者へと責任を集中している。一般社会の不法行為に対する損害賠償制度では、被害者は加害者に故意または過失があったかを立証する義務を負う「過失責任主義」をとっている。しかし、原子力事業は専門性の高い事業なので、損害発生時に故意か過失か被害者が立証することが極めて難しいため、立証を必要としない「無過失責任」をとる。したがって、原子力損害の発生原因について、原子力事業者の故意や過失がない場合でも、損害の賠償責任を事業者に負わせ、被害者が損害賠償の請求をしやすくしている。

▒損害賠償額は、限度のない「無限責任」だが

また一般社会の不法行為に対する損害賠償責任には限度額はなく、加害者の責任は「無限責任」である。同様に、原子力事業者の賠償責任も「無限責任」であり、特に限度を設けていない。

しかし、事業者に賠償資力がない場合もあり得るため、事業者は予め民間の保険契約や供託により、損害賠償資金を確保しておく必要がある。これを超えた巨額の損害賠償責任を負った場合、政府の援助となる。

原賠法による損害賠償額は、一事業所あたり最高一二〇〇億円である。世界的には無限責任と有限責任の二つの制度に分かれ、有限責任の方が多い。日本の原賠法は、「その損害が異常に巨大な天災地変または社会的動乱によって生じたものであるときは、この限りではない」とする、原子力事業者の免責事由を定めている。

表10-4　東京電力による損害賠償の本賠償・仮払いの支払い状況

（2015年4月10日現在）

対　象	金額（本賠償・仮払い）と請求延べ件数
これまでに支払った損害賠償の総額	合計4兆8278億円※ （本賠償4兆6763億円＋仮払い1515億円）
《賠償の請求者》	《本賠償の請求額※と請求延べ件数》
個人	2兆1446億円 請求約74万9000件
個人の自主的避難等	3532億円 請求約130万3000件
法人・個人事業主等	2兆1784億円 請求約32万1000件

（出所：東京電力）

※これまでに支払った金額には、仮払い金から本賠償に充当された金額は含んでいない。

通常の場合、当事者間では紛争の解決には時間がかかるため、裁判を経ないで仲裁、調停、あっせんなど、第三者が関与して解決を図る「裁判外・紛争解決手続き」（ＡＤＲ）がある。

▒原子力損害の賠償交渉は、文科省の紛争審査会が担当／東電の賠償総額はすでに四兆八三〇〇億円に

原子力損害の賠償交渉も、同様に当事者間に委ねられる。ただ専門的な知識も必要なため、損害が巨大な天災地変の場合、免責事由あり原賠法に基づきＡＤＲとして、文部科学省に随時設置される「**原子力損害賠償紛争審査会**」（以下、**紛争審査会**）が、和解の仲介を行う。紛争審査会は二〇一一年八月、風評損害や間接損害など原子力災害の範囲を判定する中間指針を公表した。福島第一原発事故の東京電力による損害賠償総額（本賠償と仮払い）は、東京電力によると、すでに約四兆八二七八億円に達している（二〇一三年十二月十三日現在）。

この内訳をみると、最も多いのは法人・個人事業主などの約二兆一七八四億円（請求延べ件数は約三二万一〇〇〇件）で、次が個人の損害賠償で二兆一四四六億円（同七四万九〇〇〇件）、あとは個人の自主的避難者などの三五三二億円（同一三〇万三〇〇〇件）となっている（**表**

10―4）。

▒東電の損害賠償は五・四兆円も／国が肩代わりでも、見通せない追加除染費用／ツケは国民に

政府の原子力災害対策本部が二〇一三年十二月二十日に決定した福島復興の新指針では、東電の被災者などへの損害賠償総額は五兆四〇〇〇億円が見込まれ、東電は別に廃炉・汚染水対策費一兆円と合わせて、今後合計約六兆四〇〇〇億円の自己負担を迫られる。

電気代の値上げにより、国民にツケが回ってくる。この新指針では、これまで東電が負担することになっていた費用の一部を国が肩代わりすることになった。国が負担する費用額のうち、計画済みの除染費（二・五兆円）、中間貯蔵施設の建設費（一・一兆円）は示されたが、追加除染費が見通せず、総額は明らかでない。復興税により、これも国民にツケが回る。原発の発電は決して安くはない。

福島第一原発事故の以前に、原賠法に基づき、賠償が行われた唯一のケースとして、一九九九年九月に、茨城県東海村の核燃料加工会社ＪＣＯ（日本核燃料コンバージョン）で発生した、日本初の臨界事故がある。この臨界事故で社員三人が重度の被ばくをし、うち二人が死亡した。認定された被ばく者は社員、消防署員、周辺住民など六六七人にのぼり、ＪＣＯは親会社の住友金属鉱山の支援を受け、総額一五四億円の賠償金を支払った。賠償対象約七千件のうち、九九％が示談で解決し、訴訟に至ったのは一一件だった。

▒国境を越えた原子力損害賠償に対処するパリ、ウィーン、ＣＳＣの三条約

こうした原子力損害賠償制度は、国際的にはどうなっているのか。チェルノブイリ原発事故が示したよう

に、原発事故で大量の放射性物質が放出された場合、特に隣国と陸続きの欧州では、損害が国境を越えて拡大する。各国の国内法に加えて、国境を越えた原子力損害賠償に対処するため、国際的に共通なルールを定めた三系統の国際条約が存在する。パリ条約、ウィーン条約および「原子力損害の補完的補償に関する条約(CSC)」である。パリ条約の正式名称は「原子力の分野における第三者責任に関するパリ条約」であり、同じくウィーン条約は「原子力損害の民事責任に関するウィーン条約」という。これら三条約とも、原子力損害の責任について最低基準と基本原則を設定しようという点で、内容が共通している。具体的には、①賠償責任の無過失責任②事業者への責任集中③責任額の最低基準④賠償措置のための資金的保証の義務④裁判管轄権の設定と判決の承認・執行の義務である。

経済協力開発機構(OECD)が主導するパリ条約(一九六八年発効)と、国際原子力機関(IAEA)が主導するウィーン条約(一九七七年発効)は、各国の原子力損害賠償制度の一定水準以上への向上と、越境損害に対する損害賠償処理の制度づくりを、基本的な枠組みとしている。具体的には、賠償制度の水準向上は、原子力事業者による責任、賠償措置の義務化および国の支援・補償が、また、越境損害の賠償処理は裁判の管轄権が中心となった。

▩チェルノブイリ事故発生時、旧ソ連がパリ、ウィーン両条約に未加盟で機能せず

ところが、肝心の旧ソ連が両条約に加盟しておらず、一九八六年にチェルノブイリ原発事故が突発し、国際的な原子力損害賠償制度は、機能しなかったのである。このため、慌てた国際機関や関係国は、原子力損害賠償制度のテコ入れ強化に乗り出し、事故二年後(一九八八年)にパリ条約とウィーン条約を連結した共同

議定書を採択した（発効は一九九二年）。

そして、ＩＡＥＡ主導のＣＳＣが一九九七年に採択され、損害賠償額が責任限度額を超えた場合、加盟国の拠出でつくった補完基金により、被害者への補償額を増額させようということになった（CSCは未発効）。

さらに二〇〇三年、改正ウィーン条約が発効した。翌二〇〇四年には、改正パリ条約と、（元の）パリ条約に関するブラッセル補足条約・追加議定書が、それぞれ採択された（いずれも未発効）。ブラッセル補足条約は、責任額を超える損害は、事故国の公的資金負担と締約国の資金負担により、補償を充実させるとしている。

一連のこうした国際条約の展開により、原子力損害賠償資金の責任限度額の特別引き出し権（ＳＤＲ）が引き上げられた。ＳＤＲは、国際通貨基金（IMF）の加盟国が持つ資金引出し権で、主要通貨の加重平均で価値が決まる。国際通貨基金によると、一ＳＤＲは約一・五米ドル（二〇一五年六月現在、円換算約一八〇円）である。

パリ条約の原子力事業者の賠償措置額は、一五〇〇万ＳＤＲで、これを上回る損害は政府の公的資金、ブラッセル補足条約（二〇〇四年採択）の政府間拠出金から三億ＳＤＲを限度とする賠償額だった。改正パリ条約では、賠償責任限度額（賠償措置額）が七億ユーロとなり、政府などの損害賠償支払いの上限は一五億ユーロに引き上げられた。

ウィーン条約の原子力事業者の賠償責任限度額は五〇〇万米ドル、改正ウィーン条約では三億ＳＤＲ以上である。

ＣＳＣは、前述の両条約で補えない、賠償責任限度額三億ＳＤＲを超える場合に、その超過損害分について全締約国が拠出金を分担するとしている。

▩国際条約の加盟国に地域差——改正パリ条約は欧州系、改正ウィーン条約は中東欧、中南米系

こうした原子力損害賠償に関する国際条約の加盟国は、地域差がある。改正パリ条約はフランス、ドイツ、イタリア、イギリスなど欧州連合（EU）加盟国を中心とする旧条約締約国一五カ国に、スイスが加わり計一六カ国となった。

改正ウィーン条約は、中東欧、中南米などIAEA加盟国を中心とする旧条約締約国三四カ国に、アルゼンチン、ベラルーシ、モロッコなど五カ国が加わり、計三九カ国となった。

両条約の加盟を条件とするCSCの締約国は、アルゼンチン、モロッコ、ルーマニア、アメリカの四カ国だけである。発効には締約国が五カ国、原子炉の熱出力が合計四億キロワット必要だが、要件を満たしておらず、発効していない。

▩日本は三条約に未加盟、核兵器保有国も国際条約に難色

ここで、注意して置かなければならないのは、核兵器保有国のロシア、中国、インド、パキスタン、イスラエル、北朝鮮の六カ国は、両条約とも加盟していない点である。

核兵器保有国のアメリカは、改正ウィーン条約に加盟し、CSCの締約国になっているが、パリ条約には未加盟である。

また、福島第一原発の過酷事故を引き起こした日本も、原子力損害賠償に関わるこれら三条約のいずれにも加盟していない。

未加盟の理由について、日本政府は、改正パリ条約の主な締約国が欧州連合（EU）、また改正ウィーン条約の締約国が五カ国と少なく東欧・中南米であり、両条約ともそれぞれ地理的な関係が薄く、巨大な天災地変が免責事由に入っていないことを挙げている。損害賠償の責任限度について、原賠法が「無限責任」なのに対し、国際条約が「有限責任」である点で折り合わない面もある。

しかし、CSCについては、日本政府は条約加盟の検討余地を残している。その理由として①世界規模の原子力損害賠償枠組み構築の可能性がある②免責事由が幅広く、韓国が国内制度の整備をするなど、アジア周辺諸国が締約しやすい③巨大な天災地変が免責事由に入っていることを指摘している。

さらに国際裁判の管轄や賠償責任の明確化により、原子力プラントの輸出や核燃料の国際輸送などの事業遂行上の法的リスクを抑制できる可能性があることも、CSCの締約国になる検討材料となっている。

原発建設ラッシュ時代に、原発事故が今後、中国など周辺諸国で万一発生した場合、放射能被害の賠償請求には、上述の三条約が重要な役割を果たすことを、忘れてはならない。

■世界で運転中の原発（商業用）は三一カ国で四三七基

——原子力産業はアジア、中近東へ原発市場の拡大に奔走、新たに一七カ国が保有国に——

世界には二〇一五年四月現在、運転中の原発が三一カ国に合計四三七基もある（世界原子力協会（WNA））。

このほか、建設中の原発が六五基、建設計画中が一六五基、建設構想中が三三一基もあり、WNAはこれらを合計した五六一基の大半が、二〇三〇年までに稼働するとみている。

運転中も含めこれらを合計すると、世界の原発は九九八基となり、廃炉になる原発を差し引いても、世界

表10-5　世界の原発の現状と、2030年までの建設見通し
（運転中2基以上の商業用原発の保有25カ国）（2015年4月現在）

現順位　国名	運転中	建設中	計画中	構想中	合 計
1. アメリカ	99	5	5	17	126
2. フランス	58	1	1	1	61
3. 日本	43	3	9	3	58
4. ロシア	34	9	31	18	92
5. 中国	26	23	45	142	236
6. 韓国	24	4	8	0	36
7. インド	21	6	22	35	84
8. カナダ	19	0	2	3	24
9. イギリス	16	0	4	7	27
10. ウクライナ	15	0	2	11	28
11. スウェーデン	10	0	0	0	10
12. ドイツ	9	0	0	0	9
13. スペイン	7	0	0	0	7
13. ベルギー	7	0	0	0	7
15. スイス	5	0	0	3	8
16. スロバキア	4	2	0	1	7
16. フィンランド	4	1	1	1	7
16. ハンガリー	4	0	2	0	6
19. パキスタン	3	2	0	2	7
19. アルゼンチン	3	1	0	3	7
21. ブラジル	2	1	0	4	7
21. ルーマニア	2	0	2	1	5
21. ブルガリア	2	0	1	0	3
21. メキシコ	2	0	0	2	4
21. 南アフリカ	2	0	0	8	10
合　計	421	58	135	262	876

（注）別に、台湾は運転中の原発6基を保有し、2基を建設中。
（世界原子力協会（WNA）のデータから筆者が作成）

の原発は一千基の大台に向かっていると言える。

現在の最大の原発保有国は、アメリカで九九基を保有し、二位がフランス（五八基）、三位が日本（四三基）、四位がロシア（三四基）、五位が中国（二六基）、六位が韓国（二四基）、七位がインド（二一基）となっている。以下、カナダ、イギリス、ウクライナ、スウェーデン、ドイツ、スペインなどと続く（**表10—5**）。

最大の原発保有国はアメリカから中国へ／日本は建設中が三基、さらに計画中九基、構想中三基も

建設中のほか、計画中、構想中の原発建設が予定通り進むと、各国の原発保有順位は今後、中国が二三六基を保有してトップに立ち、二位がアメリカ（一二六基）、三位がロシア（九二基）、四位がインド（八四基）、五位がフランス（六一基）、六位が日本（五八基）と、上位の保有順位が入れ替わる。

ＷＮＡによると、この日本の原発五八基には、建設中の三基のほか、計画中九基、構想中三基が含まれる。福島第一原発の過酷事故以前の実数とほとんど変わらないことにもなる。

近づく原発建設ラッシュ時代には、初めて原発を保有する国が、アジアと中近東を中心に一七カ国も増え、世界の原発保有国が四八カ国に拡大する。

アジアでは、ベトナム（計画中四、構想中各六基）、インドネシア（計画中一、構想中各四基）、タイ（構想中五基）、マレーシア（構想中二基）、バングラデシュ（計画中二基）、北朝鮮（構想中一基）の六カ国が、また中近東では、アラブ首長国連邦（建設中三、計画中一、構想中各一〇基）、ヨルダン（計画中二基）、サウジアラビア（構想中一六基）、トルコ（計画中、構想中各四基）など六カ国が、新たに原発保有を目ざしている（**表10—6**）。

■原発輸出政策と合わせて問われる、他国における原発事故への対処

このように、世界的に原発が急増すれば、事故が起きる確率も高くなる。放射性廃棄物の処分場の確保もしないまま、建設を進めるのだから、未来世代への負の遺産もいっそう増大する。

表10-6　原発を初めて保有する17カ国の現状と見通し（2015年4月現在）

国　名	建設中	計画中	構想中	合　計
（アジア）				
インドネシア	0	1	4	5
マレーシア	0	0	2	2
タイ	0	0	5	5
ベトナム	0	4	6	10
バングラデシュ	0	2	0	2
北朝鮮	0	0	1	1
（中近東）				
アラブ首長国連邦	3	1	10	14
サウジアラビア	0	0	16	16
エジプト	0	2	2	4
ヨルダン	0	2	—	2
イスラエル	0	0	1	1
トルコ	0	4	4	8
（欧州）				
ベラルーシ	2	0	2	4
ポーランド	0	6	0	6
リトアニア	0	1	0	1
（その他）				
カザフスタン	0	2	2	4
チリ	0	0	4	4

（出所：世界原子力協会のデータを筆者がアレンジ）

日本は、アジアや中近東の諸国で万一、原発事故が起きた場合、偏西風で飛来する放射性物質の汚染は避けられない。既述のように、国境を越えた原子力損害賠償に対処する国際条約は、パリ、ウィーン、CSCの三条約があるが、実質的にはほとんど機能していない。

他国で万一、米スリーマイル島、旧ソ連チェルノブイリ、そして福島第一原発のような大規模な原発事故が発生した場合、日本はどう対処するのか、政府の推進する原発輸出政策と合わせて問われているのである。

第11章　新たな「国際放射線防護基準」の創設を

――人類の健康と福祉を守るために、「内部被ばく」を入れた基準を――

世界は、広島・長崎原爆の投下に始まり、核兵器保有国による計二一一一回（うち大気圏五二八回）にも及ぶ核実験、さらに米スリーマイル島原発事故、旧ソ連チェルノブイリ原発事故、福島第一原発事故を経験した。それにも拘わらず、日本をはじめ、各国政府が放射線防護の唯一の基準として採用する「国際放射線防護委員会（ＩＣＲＰ）」の被ばく限度基準に大きな疑問が提起され、さらに福島第一原発事故の内部被ばく問題も無視されているのは、いったい何故なのか。その根源的な原因と対策を遡及していくと、最後に、主に次の七点に行き着く。

（1）ＩＣＲＰの国際放射線防護基準は、アメリカの核兵器政策に基づき、日米両国政府が実施した広島・長崎原爆の「外部被ばく」を中心とする調査研究をもとに作られ、六〇年以上も各国がこの基準を使用し、放射線の被ばくで欠かせない、もう一つの「内部被ばく」による影響を無視してきたこと。

（2）核兵器保有国による核実験の影響実態調査はほとんど行われず、旧ソ連チェルノブイリ原発事故などにより、「内部被ばく」の健康障害が顕著になったにも拘わらず、ＩＣＲＰをはじめ、国際原子力機関

（ＩＡＥＡ）、原子放射線の影響に関する国連科学委員会（ＵＮＳＣＥＡＲ）などの世界の原子力推進機関が自己権益を守るため、「内部被ばく」を無視し続けていること。

（３）世界保健機関（ＷＨＯ）や国連食糧農業機関（ＦＡＯ）もＩＡＥＡに取り込まれ、国際的に健全なチェック機能が働いていないこと。

（４）真理を探究するのが科学であるにも拘わらず、原子力関連の科学界は、政治的権力、原子力産業と結託し、数多くの有意な放射線に関する調査研究結果を排除し、狭隘な自説だけが正しいとする「科学の姿を装った粉飾と偽装」を行っていること。

（５）放射線のリスク研究は、核物理学者と放射線科学者が主導し、原爆にしろ、原発事故にしろ、核物質の放出する放射線の総量から人体に影響を及ぼす放射線量を算出し、紋切り型の一律の被ばく線量を適用して、健康への影響まで判断していること。

（６）拡大しつつある「内部被ばくによる晩発障害」に対処するため、放射線のリスク研究に公衆衛生、腫瘍学、小児医療医師、遺伝学、疫学、生化学などの科学者を幅広く参加させ、加害者ではなく、被害者の立場に立った総合的な研究を実施すること。

（７）被ばく線量の安全基準は、リスク便益（リスク削減費用）を重視するのではなく、何人《なんぴと》も生まれながらにして等しく保有する人権に基づいて設定すること。

以上の七点を踏まえ、現行の国際放射線防護基準を根本から改定し、人類全体の健康と福祉を守るため、新たな放射線防護基準を創設することが必要である。

▒放射線の総量に基づく放射線の影響計算と、広島・長崎原爆、チェルノブイリの機密指定

既述のように、ロシアのアレクセイ・V・ヤブロコフ氏、ベラルーシのヴァシリー・B・ネステレンコ氏ら四人の科学者は、専門家の評価の食い違いについて、一部の専門家が、①放射線の疾患に関する結論には、疾患の発生数と被ばく線量の相関関係が必要②広島・長崎原爆と同様に、放射線の影響は放射線の総量に基づいて算出するしかない、と考えているからだ、と告発している。

ヤブロコフ氏らは「日本では原爆投下後の四年間、調査研究が禁止され、この間に最も衰弱した人々のうち一〇万人以上が死亡した」とし、さらに「チェルノブイリ事故後にも同じような死者が出た。旧ソ連当局は医師が患者を放射線と関連づけることを公式に禁止し、戦後の日本と同様、当初の三年間は全データを機密指定した」と指弾している。その上、旧ソ連政府は、事故後三年半にわたり、診療記録を隠蔽・改ざんしたという。

▒広島・長崎の外部被ばく線量をもとに、物理学者が数字で単純化した放射線の防護基準

高線量の放射線の外部被ばくは、影響が目に見えるので、そのリスクは広く受け入れやすい。だが、低レベル放射線の内部被ばくは、目に見えないので、そのリスクは理解しにくい。

この「低レベル放射線は安全」と主張する国際放射線防護委員会（ＩＣＲＰ）のリスク・モデルは、核物理学を基礎に置く論拠に基づき、現在、放射線被ばく限度を法的に取り扱うために使用されている。

このＩＣＲＰモデルは、遺伝子ＤＮＡの構造が明らかになる以前に、物理学者が作った。物理学者はどんなモデルも、数学的で、還元的で、極端に単純化する。だから記述上、有用性があり、その扱う放射線量は、

単位質量あたりの平均的エネルギーで表される。

矢ヶ崎琉球大学名誉教授は、「ＩＣＲＰ基準は、放射線が与えたエネルギー（吸収エネルギー）だけで、被ばくを評価する体系である」とし、「その評価の特徴は、放射線が作用する具体的なメカニズムをいっさい捨象（特性や共通性以外は捨てさる）して、単純化・平均化する」と、次のように解説する。

「被ばく形態には、外部被ばくと内部被ばくがあるが、すべて外部被ばくにしか適用できない基準で被ばくを処理する。被ばくが集中していようが、散漫していようが、あるいは継続的であろうが、単発的であろうが関係なく、『均等に被ばく』したとして、平均化する。

内部被ばくは、短時間の被ばくとは異なり、継続的な被ばくなので、体内に入った放射性元素の量に比例する。単位時間あたりの被ばく量に比例するのではない」。

▩遺伝子ＤＮＡの構造判明で、放射線によるＤＮＡ損傷が問題に

低線量の「内部被ばく」の影響は、広島・長崎原爆のガンマ線による急性の高線量「外部被ばく」線量に基づき、線量あたりのがんや白血病の発生率が決定されている。

さらに核物理学者は、平均した被ばく線量とがん発生率との間に、単純な線形関係が低線量域で成り立ち、しきい値（線量限度）がないという線形モデルを作り、「外部被ばく」線量から容易にがん発生率が計算できるとしている。

しかし、この単純化した線形モデルと、そこから計算された発がん率は、科学的にも、論理的にも、根底から揺らいでいる。

その原因はまず、今までの放射線防護基準が、「内部被ばく」を除外し、放射線による遺伝子DNAの損傷と、がんをはじめ諸疾病発病への悪影響を考慮していなかったためだ。

次に、がんや白血病、被ばく者から生まれた子どもの骨の異常は「形態的な異常」なので、数値化が可能だ。しかし、形態に出ない多くの「機能的な異常」は数値化できないのである。

放射線は、高線量被ばくの「急性障害」と、低線量被ばくの「晩発性障害」を引き起こす。さらに遺伝的障害、先天性障害（胎児期の障害）も起こす。

晩発性障害には「外部被ばく」と「内部被ばく」がある。「外部被ばく」は原水爆、医療、原発事故で起こる。「内部被ばく」は呼吸や飲食物による放射線物質の体内取り込みで起きる。だが、外部被ばくによる発がん率しか数値が出ていないので、この単純な線形モデルを作り直すことが急務となっているのである。

世界保健機関（WHO）も国連の原発推進グループの一員か？
——内部被ばく導入を拒む〝国際原子力ムラ複合体〟「チェルノブイリ・フォーラム」、IAEAだけでなく——

ICRPは独自の調査研究組織を持たない任意の組織だが、国際原子力機関（IAEA）、原子放射線の影響に関する国連科学委員会（UNSCEAR）といった国連の原子力推進グループの一員である。この原子力推進グループには、健康のチェック機関でもある世界保健機関（WHO）や国連食糧農業機関（FAO）までがその陣営に取り込まれ、これらの国連の関係諸機関は、背後で核兵器保有国、原子力産業と結託して、「チェルノブイリ・フォーラム」という〝国際原子力ムラ複合体〟を形成し、国際防護基準に「内部被ばく」を加えることを頑なに拒み続け、原発事故の被災者の支援対策と、各国の健全な科学の発展を妨げている。

これに対し、欧州放射線リスク委員会（ECRR）、アメリカの「チェルノブイリの子どもたちへの支援開発基金」（CCRDF）、ロシア科学アカデミーのヤブロコフ博士、ベラルーシ放射線安全研究所のネステレンコ氏ら科学者のチェルノブイリ事故調査研究グループ、日本の「市民と科学者の内部被曝問題研究会」など多くの諸組織が立ち上がり、独断的で偏向したICRPの国際放射線防護基準の矛盾を数多くの有意な科学的データに基づいて糾弾し、告発している。

■司法も〝国際原子力ムラ複合体〟の番人なのか？　問われる原発訴訟の公正な判断

日本は、いやしくも立法（国会）、行政（政府）、司法（裁判所）の三権力が分立する民主主義国家である。〝国際原子力ムラ複合体〟のメンバーで、唯々諾々とその指示に従う、日本政府の独断的な原発推進政策にブレーキをかけ、改めさせるには、良心的な科学者や市民グループなどの告発だけではなく、司法による公正な判断が欠かせなくなった。

日本で最初の原発訴訟は、一九七三年に伊方原発1号機（愛媛県）の設置許可取り消しを求め、住民が松山地裁に国の安全審査が不十分だとして提訴した訴訟だ。この訴えは一九七八年に松山地裁に、さらに最高裁にも一九九二年に棄却され、住民の訴えはしりぞけられた。

1号機とは別に、伊方原発2号機の設置許可取り消しを求めた住民訴訟が、一九七八年に起こされ、二〇〇〇年に松山地裁が訴えを棄却した。ただ、この判決理由で裁判長が活断層の評価について結果的に誤りだったことを認め、原発訴訟の歴史で初めて国の安全審査の問題点が指摘された。伊方原発2号機訴訟から、活断層と航空機墜落といった新しい争点が加えられるようになった。

▒日本の主な原発訴訟は五五件以上――住民勝訴は一審の二件だけ、最高裁ではすべて敗訴

日本では、主な原発訴訟（行政、民事）だけでも、二〇一一年の東日本大震災以前に四一件、さらに同震災以降に一五件を超す訴訟が起こされている。

これらの原発訴訟のうち、住民側が勝訴したのは、東日本大震災以前の訴訟の一審における、わずか二件に過ぎない。最高裁で勝訴した原発訴訟は一件もなく、すべて却下あるいは棄却されている。

東日本大震災以前の残り三九件のうち、三五件は訴えを却下あるいは棄却され、四件は係争中だ。東日本大震災以後の一五件以上も、係争中である。

住民側が一審で勝訴した訴訟の一つは、高速増殖炉「もんじゅ」（福井県）の設置許可の無効確認と建設・運転の差し止めを求める訴訟で、名古屋高裁金沢支部が二〇〇三年に設置許可の無効確認だけを認めた。しかし、住民側の勝訴は高裁止まりで、最高裁は二〇〇五年にこの高裁判決を破棄し、原告の控訴を棄却した。

もう一つの住民側の一審勝訴は、志賀原発2号機（福井県）の運転差し止めを求める訴訟で、金沢地裁が二〇〇六年に運転の差し止め判決を下した。しかし、名古屋高裁金沢支部は二〇〇九年に地裁判決と原告請求を棄却し、さらに最高裁も二〇一〇年に原告の控訴を棄却した。

▒司法も福島第一原発事故の共犯者――「原子力市民委員会」が司法の判断放棄を指弾

シンクタンク「原子力市民委員会」（座長＝吉岡斉・九州大学大学院教授）は、『原発ゼロ社会への道――市民がつくる脱原子力政策大綱』で、「二〇〇五年の最高裁のもんじゅ訴訟判決は、高裁判決の専権事項である事

実認定さえ書き換え、控訴審の原告勝訴判決を、理解困難な論理によって覆した」と告発している。

また、原子力市民委員会は「最高裁による二〇〇九年の柏崎刈羽原発の訴訟判決は、安全審査の想定をはるかに超え、明らかに看過しがたい過誤欠落に該当する、新潟県中越沖地震（二〇〇七年七月）の発生を高裁終了後の事柄だとし、『法律審』としてこれを無視した」と指弾している。

さらに原子力市民委員会は「その後、二〇〇七年十月の浜岡原発訴訟の静岡地裁判決など、論理性を欠く判決が続出し、このような司法の判断放棄が、福島第一原発事故を招いた一つの要因である」と断じている。

例えば、上記の志賀原発2号機と浜岡原発の両訴訟では、基準地震動の策定の根拠となる現行の観測評価方法について、裁判官が全く逆の判断を下し、志賀原発2号機訴訟の金沢地裁が認めなかったのに対し、浜岡原発訴訟の静岡地裁は問題ないと認めているのだ。

▓一八〇度変わる原発訴訟の判決――原発推進の国策容認が判決の第一義

このように、裁判官によって判決が一八〇度も変わるのは何故なのか。原発裁判では、集約された多くの専門家の意見が、裁判官の判断の重要な材料になる。その専門家の意見選考に問題はないのか。日本は戦後、原子力発電をアメリカの軽水炉を中心に実施することを決め、その技術を導入して、福島第一原発をはじめ五六基もの原発を狭い国土に林立させた。

原発訴訟には、原発の耐震性と安全性および軽水炉の安全性という、二つの共通した争点がある。前述の技術評論家・桜井淳氏は、著書『原発裁判』で、「裁判では、このアメリカの技術を導入した日本の技術者や原子力専門家の意見が集約され、東大や日本原子力研究所（現日本原子力研究開発機構、以下原研）を中心とする、原子力専門家の知識と経験が尊重されてきた」と指摘する。

その上で、桜井氏は「その国側（被告側）の技術的裁量が果たして正しいのか、国の原子力政策に寸分の誤りもないのか。そこまで踏みこむ判断は、原発訴訟ではほとんどなされていない」と疑問を提起する。同氏は「行政訴訟であれば国側、民事訴訟であれば電力会社側の技術的裁量に、裁判官は判断の根拠を置いている」と喝破《かっぱ》している。

軽水炉は「安全神話の象徴」でもあった。桜井氏は「その虚構を作り上げたのは、自民党、産業、東大、原研の権力犯罪だ。彼らの判断が正しいとして司法判断の材料とし、原発訴訟の判決を下してきた司法にも大きな責任がある」と指弾する。

司法は、行政から独立して客観的な事実関係のみで判決を下さなければならない。「だが実際には、国策を認めることを第一義として原発訴訟の判決が下されている。福島第一原発事故によって、司法の価値判断が客観性を持っていなかったことが、誰の目にも分かるように表面化した」と、桜井氏は強調している。

▩原発推進政策は基本的人権を保障する憲法に違反、裁判所は「違憲審査権」の行使を

いままでの原発訴訟におけるほとんどの判決は、国会のつくった原子力関連の法律と政府の国策政策を追認しているだけで、司法のチェック機能が働いているとは言えない。

不甲斐ない司法に、今後の原発訴訟の審理を任せ、憲法で保障された私たちの基本的人権および生命、自由、幸福を追求する権利を守ることが出来るのだろうか。

民主主義社会でも、多数者の横暴により、少数者の権利が侵害されることが起こり得る。憲法は、多数者

や少数者ではなく、各々の国民に与えられた基本的人権を守るために存在する。政府や国会が憲法のこの規定に違反するようなことをした場合、裁判所は憲法違反に問うことが出来る「違憲審査権」を持っている（磯村健太郎・山口栄二『原発と裁判官』朝日新聞出版、二〇一三年）。

この「違憲審査権」は、憲法の第八一条に〈最高裁判所の法令審査権〉として、最高裁は、一切の法律、命令、規則又は処分が憲法に適合するかしないかを決定する権限を有する終審裁判所と定められている。

多大な被害をもたらした福島第一原発事故で分かったように、これからの原発問題は単なる法律や政策問題では論じられない。もっと根源的な憲法の次元から論理を組み立てなおし、原発問題を裁判所に問うべきである。それには、原発を推進する政策と、国民の健康で文化的な最低限の生活を保障する憲法が矛盾し、国民の基本的人権の侵害になるとする、違憲問題を提起する筋道をつくることが必要である。

▩「人間の被害」の学術調査と被害者の証言集、救済・支援事業を後世へ――政府事故調

原発訴訟を違憲訴訟へ導く手立てとして、福島第一原発事故の調査にあたった政府事故調が「人間の被害」、国会事故調が「人災」、また原子力市民委員会が「人間の復興」とそれぞれ結論を導き出した報告が参考になる。

福島第一原発事故では、廃炉作業が急ピッチで進む。事故原因の究明と被害の全容の解明調査は切り離せない。政府事故調（畑村洋太郎委員長、**写真11―1**）の報告書提言は、被害を「**人間の被害**」と位置づけ、①専門分野別の学術調査と膨大な数の関係者・被害者の証言収集調査を実施し②被害者の救済・支援事業の十分な検証を行い③被害の深刻さと大きさを未来への教訓として後世に伝えるように求めている。

■自然災害ではなく、明らかに「人災」、規制当局と東電の関係が逆転──国会事故調

国会事故調（黒川清委員長、**写真11―2**）は、福島第一原発事故を引き起こした根本的な原因について、「歴代の原子力規制当局と東京電力との関係が、規制する立場と、される立場が『逆転関係』になり、原子力安全に関する監視・監督機能の崩壊が起きた点に求められると認識する」とし、さらに「何度も事前に対策を立てるチャンスがあったことに鑑みれば、今回の事故は『自然災害』ではなく、明らかに『**人災**』である」と結論づけている。

写真 11-1　畑村洋太郎・政府事故調委員長

写真 11-2　黒川清・国会事故調委員長

■「健康への権利」を基本的人権とする「人間の復興」を──原子力市民委員会

シンクタンク「原子力市民委員会」（吉岡斉座長）は、脱原子力政策大綱で、「原子力発電事業は過酷事故の被害規模が大き過ぎ、復旧も長期に及び、将来も再発し得る。それを続けることは倫理的に許されない。法律に基づいて原発を廃止する」と主旨を表明。さらに原子力災害からの復興には①「被ばくを避ける権利」を含む「健康への権利」を基本的人権として最大限尊重する②リスクを過小評価せず、予防原則に立つ③意思決定プロセスへの当事者参加を保障することを基本原則とし、これらの基本原則を一貫させることが「**人間の復興**」につな

がるとしている。

■「福島原発告訴団」による東電元幹部らの責任追及と、検察審査会の役割

一方、福島県の被災者ら約五千七百人が組織する「福島原発告訴団」は、東京電力の勝俣恒久元会長、武藤栄元副社長、武黒一郎元フェローの元幹部三人を、福島第一原発事故を招いた業務上過失致死傷容疑などで、東京地検に告訴・告発を続けている。

東京地検は、東京オリンピックの開催が決まった二〇一三年九月八日に、同容疑などで告訴・告発されていた東電・政府の元幹部ら四二人全員を不起訴処分とした。

同告訴団は、東京第五検察審査会に東電幹部ら三人にしぼり審査の申立てを行い、同検察審査会は三人を「起訴相当」と議決し、東京地検にボールが投げ返された。だが、東京地検が二〇一五年一月二十二日、「不起訴」処分としたため、福島原発告訴団は、東京第五検察審査会に再審査を申し立て、審査が続いている。再審査でこの三人に起訴すべきとの議決が出れば強制起訴され、東電経営陣の刑事責任が初めて問われることになるが、予断を許さない。

検察審査会は、全国の地裁などに置かれ、有権者から選ばれた審査員一一人が、事件被害者らの申し立てを受け、検察の不起訴処分の妥当性を審査する。「起訴相当」「不起訴不当」「不起訴相当」などの議決がある。「起訴相当」の議決後、検察官が再び不起訴処分にしても、再審査で「起訴」が議決されれば、裁判所が指定した検察官役の弁護士が強制起訴することになる。

▒電力会社の都合に合わせ、早くも揺らぎ始めた原子力規制委員会の独立性

原発訴訟や今後の違憲訴訟の際には、専門家の客観的に公正な科学的、技術的判断が必要だ。その材料を提供できる公的機関の一つが、原子力規制委員会（田中俊一委員長）である。同規制委員会は、経産省から分離し、独立性の高い三条委員会（国家行政組織法三条二項の委員会）として、二〇一二年に発足した。規制委員会に期待される役割は、政治的・経済的な判断抜きに原発の安全性を厳しく審査することにある。

だが、原子力市民委員会は、「田中委員長は政治がどう言おうと、科学的、技術的に判断すると発言したが、新規制基準の制度とその利用にあたって、その姿勢が貫かれているとは言いがたい」と苦言を呈する。

その根拠として、まず「過酷事故対策の恒設設備に五年間の設置猶予を与えるなど、原発再稼働を急ぐ電力会社の都合に迎合していること」を挙げ、「安全性を唯一の基準にする基本姿勢に立ち返るべきであり、コストがかかるという理由で、安全対策を放棄したり、後回しにしたりしてはならない」と指摘する。また「技術の進歩に応じて対策を刷新する必要があり、既存施設を改善し、最新の技術を取り入れた基準に適合させる『バックフィット』を厳密に行い、その対策を満たすことの出来ない原発は、すべて設置許可を取り消すべきである」と、厳しく注文を付けている。

▒原子力推進の身内で固められた規制委員会と規制庁に高まる市民の不信

原子力市民委員会によると、原子力規制委員会の委員五人のうち、委員長を含む三人が原子力利用推進機関の出身者だ。規制委員会の事務局を担う規制庁職員は、旧原子力安全・保安院の出身者が大多数を占め、規制基準の策定などその後の実務の進め方は、市民の強い不信を生んでいる。

さらに有識者の検討チームをはじめ各種委員会の委員選定には、活断層評価チームなどの一部を除き、過去に許認可審査などに関わった原子力分野の専門家が多数を占めている。

原発に批判的な専門家や他分野の専門家あるいは市民の意見は、ほとんど反映されない仕組みと運営になっている。原子力市民委員会は「このような審議のあり方を根本から変えることなしに、原発再稼働の道筋をつけることは許されない」と批判している。

▩事故の教訓に学び、人と環境を守る理念の堅持を――田中原子力規制委員長が職員に訓示

福島第一原発事故から四年の二〇一五年三月十一日、原子力規制委員会の田中俊一委員長は、規制庁職員に対する訓示で、「福島の現状や住民の方々の心に思いをはせ、原子力事故を二度と起こさない自覚を新たにしてほしい」と述べ、さらに「『福島原発事故の教訓に学び、人と環境を守る』原子力規制委員会の理念を堅持する」と強調した。

既述の政府事故調は報告書で、地震と津波の安全評価だけでなく、原発事故を引き起こす可能性のある火災、火山、斜面崩落などの総合的なリスク評価が行われていなかったと指摘している。

新安全基準には、意図的な航空機の衝突、炉心損傷の防止など、過酷事故（シビアアクシデント）対策が新設され、地震・津波、自然現象や火災に対する評価方法が強化された。

とくに活断層の認定基準が厳格化され、耐震設計上考慮する活断層は、後期更新世以降（約一二〜一三万年前以降）の活動が否定できないものとし、必要な場合は中期更新世以降（約四〇万年前以降）まで遡って活動性を評価することになった。

▒原子力規制委の調査団、東通原発（青森県）と敦賀原発2号機（福井県）の活断層を認定

原子力規制委員会は二〇一五年三月二十五日、東北電力の東通原発（青森県東通村）について、敷地内に活断層の存在を認めた同規制委の有識者調査団の評価書を受理した。田中委員長はこの評価書を「重要な知見の一つとして参考にする」と述べている。

また原子力規制員会は同年三月二十八日、日本原子力発電の敦賀原発2号機（福井県）の直下を通る破砕帯（断層）が、活断層であることを改めて認定した同規制委の有識者調査団の報告書を受理した。この調査は、二年余りかけて実施された。

▒旧来の設計基準を踏襲、複数機器の同時故障、一般人の安全確保の立地適否判断も除外

しかし、原子力市民委員会によると、新規制基準は、旧来の設計基準（安全設計審査指針）を基本的に変えずに踏襲し、事故の発生原因として単一機器の故障しか想定せず、地震や津波など自然現象によって共通に引き起こされる「複数の機器の同時故障」を設計で考慮すべき対象にしていない。

また新規制基準では、原発立地の前提だった「原子炉立地審査指針」に対応する規定は制定されていない。これは、設置（変更）許可審査において、万一の事故に備え、一般人の安全を確保するための立地条件の適否の判断をやめるという、重大な改悪である。さらに過酷事故対策と防災計画との関係も明らかでない。

過酷事故で複数の原発が共倒れした福島第一原発の周辺地域は、過去に六〇〇年に一度ほどの頻度で巨大地震と巨大津波を繰り返していたことが、近年の調査研究で判明しつつあり、そもそもこの立地条件に違反

していることが明らかになった。原子力市民委員会は「福島第一原発事故の教訓を踏まえて、全国すべての原発サイトの立地条件が改めて検証されなければならない」と警鐘を鳴らす。

▩電力会社は原子炉の炉心損傷頻度を未検討、新規制基準は世界一ではない

原子力規制委員会は二〇一三年に、原発の安全目標として、原子炉一基あたりの炉心損傷頻度は一万年に一回以下とすることなどを決定した。しかし、各電力会社は過酷事故シナリオでこの目標が達成されているか検討をしていないし、規制委員会も検証を求めていない。

田中委員長が公言する「新規制基準は世界一厳しい基準」について、原子力市民委員会が欧州加圧水型炉（ＥＰＲ）の安全対策と照らし合わせて検証したところ、航空機衝突時の頑丈な格納容器など幾つかの重要な設備が新規制基準に入っていないなど、世界最高水準でないことが判った。仮にＥＰＲレベルの安全対策を講じても、その有効性の実証が不十分で、過酷事故による放射線災害のリスクは変わらないと、原子力市民委員会は指摘する。

過酷事故対策は、設計基準事故に対応するすべての設備が破綻した時に、外部から電源や冷却水を供給するものだが、基本的に人の手で対処するため、柔軟性はあるが、確実に機能する保証はない。同市民委員会は、過酷事故対策があるから安全とするのは、福島原発事故の教訓を忘れた新たなる安全神話だと釘をさしている。

▒福井地裁、高浜原発の再稼働認めず、初の仮処分決定――新規制基準は合理性欠く、「人格権侵害」の危険性にも言及

原子力規制委員会の新規制基準による安全審査を、根底から問い直す司法の貴重な判断が出された。

関西電力の高浜原発3、4号機（福井県高浜町）の再稼働について、福井地裁（樋口英明裁判長）は二〇一五年四月十四日、福井、京都、大阪、兵庫の四府県住民九人の訴えを認め、運転を禁止する仮処分の決定をくだした。再稼働を含め、原発の運転を差し止める仮処分決定は初めてである。

樋口裁判長は、仮処分決定の理由について「原子力規制委員会の新規制基準は緩やかにすぎ、適合しても安全性は確保されておらず、合理性を欠く」と指摘した。さらに「新規制基準に高浜原発が適合するか否かについて判断するまでもなく、住民らが人格権を侵害される具体的危険性の存在が認められる」と言及した。

▒地震の平均像にもとづく従来の基準地震動の設定は、実績でも理論的にも信頼はない

各電力会社が原発耐震設計で想定する基準地震動について、樋口裁判長は、まず「基準地震動は原発に到来できる最大の地震動（揺れ）であり、適切な基準地震動の策定は、耐震安全確保の基礎であり、基準地震動を超す地震はあってはならないはずだ」とくぎを刺した。

その上で、樋口裁判長は「だが、全国二十カ所にも満たない原発のうち（福島第一など）四原発に五回にわたり、想定した地震動を超える地震が、二〇〇五年以後一〇年足らずの間に到来している」事実を指摘した。

そして「高浜原発の地震想定が、これらの四原発と同様、過去の地震記録と周辺活断層の調査分析に基づいており、高浜原発の地震想定だけが信頼に値するという根拠は見いだせない」と言及した。

さらに「地震の平均像を基礎として、万一の事故に備えなければならない原発の基準地震動を策定するこ

とに合理性は見いだしがたく、基準地震動は実績だけでなく、理論面でも信頼性を失っている」と結論付けている。

樋口裁判長は、仮処分決定の具体的理由として、（一）高浜原発は、基準地震動（七〇〇ガル）未満でも外部電源と給水の断絶により、原子炉の冷却機能が喪失する可能性がある（二）関電のいう多重防護は最初の防護が貧弱なため、いきなり背水の陣となる備えで、多重防護とは言えない（三）使用済み核燃料プールは、日本の存亡に関わるほどの被害を及ぼす可能性があるのに、格納容器のような堅固な施設に閉じ込められていないことを指摘した。

さらに樋口裁判長は、高浜原発の脆弱性は、①基準地震動の策定基準の大幅引き上げと根本的な対策工事の実施②外部電源と主給水の耐震性を（最高の）Sクラスにする③使用済み核燃料を堅固な施設で囲い込む④使用済み核燃料プール給水設備の耐震性をSクラスにすることでしか解消できない、と突き放している。

■「内部被ばく」問題は、「三重被ばく」被災国の日本人すべてが避けて通れない問題

〝序〟で言及したように、広島・長崎原爆の「被爆」で亡くなった犠牲者は現在、推計四一万六〇〇〇人を超す。静岡県第五福竜丸の水爆実験の被爆でも犠牲者をだした。「原爆被爆者援護法」が制定されたのは、原爆投下から半世紀後の一九九五年である。

一方、戦後最大の公害事件である水俣病事件は、一九六七年に新潟水俣病事件の訴訟が起こされてから、二〇〇四年に最高裁判所が「国と熊本県による水俣病事件の責任」を認めるまで三七年、さらに二〇〇九年に「水俣病救済特別措置法」が成立するまで四二年の歳月を費やした。

日本は、広島・長崎の原爆投下、水爆実験などの核実験、さらに福島第一原発の過酷事故による「トリプル（三重）被ばく」を受けた、世界で唯一の被災国である。人類の負の遺産でもある、これらの核（原子力）がもたらした「内部被ばく」問題は、主義・主張を越えて、私たち日本人全員が、避けて通れない重大な問題である。

世界では、国連安全保障理事会の常任理事国五カ国（アメリカ、ロシア、イギリス、フランス、中国）をはじめ、インド、パキスタン、イスラエルの計八カ国が、弾道ミサイルに搭載する核兵器（核弾頭）を二万二六〇〇基も保有している（ストックホルム国際平和研究所）。この核兵器の数量は、私たち人類や生態系を何度も繰り返し破滅させても、余りある程のすさまじい破壊力をもっている。

その核兵器の最初の威力は、第二次世界大戦で日本に対して行使された。しかし戦後、世界は経済成長と便利で快適な生活の追求に血眼となり、大量殺りく兵器の核分裂反応を今度は発電に転用し、現在三一カ国の原発保有国は、中近東、アジアを中心に二〇三〇年には四八カ国へと拡大しそうである。

核兵器の廃絶もせずに、原発の急増を始めるのは、狂気の時代の到来と言えないか。

米スリーマイル島、旧ソ連チェルノブイリ、そして福島第一という、悲惨な原発事故から、原発の建設には、放射性廃棄物や使用済み核燃料の処理施設を事前に作る必要性が強調されているが、各国がそれを実行するのか明らかでない。世界的な原発の急増は、原発で生成され、核兵器の製造可能なプルトニウムを増やし、新たな核拡散の危険性さえはらむ。

■NPT再検討会議、核兵器拡散と〝原発拡散〟の矛盾に気づかず

核拡散防止条約（NPT）の再検討会議は、二〇一五年五月二十二日、「中東非核地帯構想」の国際会議開催を盛り込んだ最終文書案に、核保有国のアメリカ、イギリスなどが反対して決裂し、成果が得られなかった。

五年ごとに開かれる同会議で、日本は最終文書に「世界の指導者や若者に広島、長崎への訪問を促す」という文言を入れることを求めた。だが、やはり核保有国の中国が歴史認識を持ち出して反対し、削除された。

同会議では、核保有国と非核保有国が対立する一方、核保有国と原子力産業が中東、アジアへ原発市場を拡大する〝原発拡散〟問題は、取り上げられなかった。

■「新たな国際防護基準」創設と「子ども・被災者支援法」の実施は、憲法の理念の実行

戦後七〇年――。人口の約八割が戦後世代となった日本では、広島・長崎の原爆投下も、核保有国が繰り返した核実験も、教科書で学ぶ歴史上の出来事になりつつある。

各種の統計があるが、広島平和記念資料館によると、世界で一九四五年から二〇一三年二月までに行われた核実験（大気圏、地下、臨界前など）は、少なくとも二一一一回に及ぶ。このうち、地球全体を放射能で汚染したのは主として大気圏の核実験であるが、米ブルッキングス研究所は、大気圏の核実験は五二八回（一九九八年現在）としている。

戦後の核保有国による核実験、なかでも大気圏の核実験は、部分的核実験禁止条約（一九六三年）でアメリカ、イギリス、ソ連の三カ国が停止したが、健康への悪影響に関する本格的な調査研究は、世界的に実施されて

いない。だから、広島・長崎原爆の外部被ばくをもとに作った「国際放射線防護（ＩＣＲＰ）基準」は、こうした核実験による被ばく影響をスキップしたうえ、チェルノブイリ原発事故の数多くの有意な被ばく調査研究結果を無視して、そのまま福島第一原発事故に適用されており、決して公正な国際防護基準とは言えない。

別掲の図解「〝**国際原子力ムラ複合体**〟**関係図**」と図表「**日本の〝原子力ムラ〟**」で示すように、原子力は、国連機関、核保有国、原子力産業、原発推進国をはじめ、様々な利益共有者が結託あるいは協力して、まるで〝バベルの塔〟のような巨大で堅牢な一大権力組織を築き上げ、世界の原発増設を推進している。客観的な真実を追究する科学者は排除され、中立公正で国際的な検証機関も存在しない。

私たち日本人は、原子力（核）と公害で払ってきた犠牲を、さらに払おうというのだろうか。

日本が、憲法で国民に保障した生きる権利と健康な生活、公衆衛生の増進を、真に遵守する国であろうとするのであれば、広島・長崎原爆の「被爆」はもとより、明治時代の足尾銅山鉱毒事件、昭和時代の水俣病など四大公害事件などの苦渋に満ちた教訓を、今こそ福島第一原発事故の対応政策で具体的に生かす必要がある。

そして、日本が世界の放射線防護基準に「内部被ばく」を入れた「新たな国際防護基準」創設活動の先頭に正々堂々と立ち、立ち遅れている「原発事故子ども・被災者支援法」をはじめ、福島第一原発事故における真に人間の血の通った放射能汚染対策を実施することを重ねて強く要望したい。

あとがき

四年前（二〇一一年）に突発した東日本大震災と福島第一原発の過酷事故から、私たち日本人は、痛恨の教訓を数多く学びとった。

その最たるものは、日本の原子力の専門家が、政府であれ、電気事業者であれ、学者であれ、砂上の「安全神話」にあぐらをかき、規制当局でさえ電力事業者の虜《とりこ》にされ、原子力には〝権威〟など存在しないことが、白日の下にさらされたことだ。彼ら専門家たちは、福島原発事故から放出された放射性物質の被ばくの危険性を、自然界の放射線とごちゃ混ぜにして、批判をかわすという詭弁を弄した。

「内部被ばく」を引き起こす、放射性セシウム（134、137）にしても、ストロンチウム（90）にしても、プルトニウム（239）にしても、皮肉なことに、すべて人間自身が原子爆弾、原発、医療などから作り出した「人工放射性物質」なのである。これらの放射性物質は、煮ても焼いても消滅しない、最悪の環境汚染物質だ。除染は、拡散した放射性物質を集め、別の場所に移すにすぎない。

放射性物質の処理は、気の遠くなるような時間との闘いでもあり、すべて後世の世代へ申し送りされる。これから生まれてくる世代にはきわめて無責任な背徳行為であるが、日本の社会は、福島原発事故前のエネルギー浪費社会に逆戻りし、原発事故と大震災の風化が加速している。

政府は、運転停止中の原発の再稼働を急ぐ一方、今後新たに一五基もの原発（建設中三基、計画中九基、構想中三基）の稼働を準備し、日本の原発総数はやがて福島以前とほぼ同じ五八基に増えそうだ。それでなくても、世界には運転中の原発が三一カ国に合計四三七基もある。これに新たに原発を保有する一七カ国分（建設中、計画中、構想中）を合計すると、世界の原発総数は九九八基となる。廃炉原発を差し引いても、世界の原発は一千基の大台に向かっている。

危惧されるのは、多くの原発の増設が事前に放射性廃棄物や使用済み核燃料の処理施設もつくらずに進められ、原発事故の発生頻度が増し、核拡散が進むことだ。急を要するのは、現行の不公正な国際放射線防護（ＩＣＲＰ）基準に、除外されている「内部被ばく」を入れ、公正で新しい防護基準に刷新することである。

ＩＣＲＰ基準は、核物理学の計算値を単純化し、政治的に決めた虚構の基準である。ＩＣＲＰ基準は、国際原子力機関（ＩＡＥＡ）、国連科学委員会（ＵＮＳＣＥＡＲ）、世界保健機関（ＷＨＯ）といった国連諸機関や世界の原子力産業界、核兵器保有国、原発推進国などで構成する〝国際原子力ムラ複合体〟に守られている。

政治・経済と、専門化した科学・技術とが結びつき、一大権力化した原子力は、国際的にも、国内的にも、第三者の公正なチェック機能がきわめて働きにくい特殊な分野だ。国連やアメリカのような国際権力の決定や指示を、政府は独自に第三者による客観的な検証もせずに従順に受け入れるが、原子力に関して言えば、それは間違っている。なぜなら、日本は世界で初めて広島・長崎の原爆投下、水爆などの核実験、さらに福島第一原発の過酷事故による「トリプル（三重の）被ばく」を受難した唯一の国であるからだ。

戦後七〇年――。日本は、便利で快適な文明と生活にどっぷりつかって、三重被ばくを忘却。多くの人々は放射能に不感症となり、日本社会は思考停止状態に陥っている。原子力に関して、政府は三重被ばく国として国連や核保有国に対し、しかるべき問題提起、あるいは異議申し立てを行い、継続するべきである。日本の悲願である核廃絶の前進のためにも必要だ。

最後に、本書の執筆にあたり、藤原書店の藤原良雄社主より貴重なアドバイスと熱心な指導を頂き、深く感謝申し上げます。また、編集に携わった倉田直樹氏に厚くお礼申し上げます。

二〇一五年六月

相良邦夫

『放射能拡散予報システムSPEEDI――なぜ活かされなかったのか』(佐藤康雄、東洋書店、2013年)
『国会事故調および政府事故調の提言フォローアップ有識者会議・報告書』(2013年)
『3・11とチェルノブイリ法』(尾松亮、東洋書店、2013年)
『放射線と健康――50の基礎知識』(黒部信一、東京書籍、2013年)
『原発と裁判官――なぜ司法は「メルトダウン」を許したのか』(磯村健太郎・山口栄二、朝日新聞出版、2013年)
『放射性セシウムが生殖系に与える医学的社会学的影響』(ユーリ・I・バンダジェフスキー、N・F・ドウボバヤ共著、久保田護訳、合同出版、2013年)
『調査報告――チェルノブイリ被害の全貌』(アレクセイ・V・ヤブロコフ、ヴァシリー・B・ネステレンコ、アレクセイ・V・ネステレンコ、ナタリヤ・E・プレオブラジェンスカヤ、星川淳監訳、チェルノブイリ被害実態レポート翻訳チーム訳、岩波書店、2013年)
『チェルノブイリ原発事故・ベラルーシ政府報告書』(ベラルーシ非常事態省被害対策局編、日本ベラルーシ友好協会監訳、産学社、2013年)
『原発ゼロ社会への道――市民がつくる脱原子力政策大綱』(原子力市民委員会、2014年)
『日本政府の四つの誤りおよび日本政府に対する四項目の要請』(市民と科学者の内部被曝問題研究会、2014年)

参考文献

『沈黙の春』（レイチェル・カーソン、青樹簗一訳、新潮社、1987年）
『放射性廃棄物』（土井和巳、日刊工業新聞社、1993年）
『現代原子力法の展開と法理論』（卯辰昇、日本評論社、2002年）
『チェルノブイリの長い影――チェルノブイリ核事故の健康被害――研究結果の要約 2006年最新版』（オルハ・V・ホリシュナ、「チェルノブイリの子ども達への支援開発基金」訳、2006年）
『*WHO Health Effects of the Chernobyl Accident and Special Health Care Programmes Report of the UN Chernobyl Forum Expert Group "health"*』（Editors: B. Bennett, M. Repacholi, Z. Carr/2006）
『*TWENTY YEARS OF THE CHERNOBYL ACCIDENT 1986–2006 Russian National Report*』（MINISTRY OF HEALTH AND SOCIAL DEVELOPMENT OF THE RUSSIAN FEDERATION, 2006）
『エセー4　レーモン・スボンの弁護』（ミシェル・ド・モンテーニュ、宮下志朗訳、白水社、2010年）
『*2010 Recommendations of the ECRR The Health Effects of Exposure to Low Doses of Ionizing Radiation*』（The European Committee on Radiation Risk, 2010）
『隠された被曝』（矢ヶ崎克馬、新日本出版社、2010年）
『IAEA—WHO 協定（1959年）』（真下俊樹訳、日本消費者連盟）
『ウクライナ政府（緊急事態省）報告書・チェルノブイリ事故から25年 "Safety for the Future"』（「チェルノブイリ被害調査・救援」女性ネットワーク要約、2011年）
『原子力規制関係の法令の手引き』（広瀬研吉、大成出版社、2011年）
『原発事故・損害賠償マニュアル』（日本弁護士連合会編、日本加除出版、2011年）
『原発裁判』（桜井淳、潮出版社、2011年）
『放射線被ばくによる健康被害とリスク評価――欧州放射線リスク委員会（ECRR）2010年報告』（ECRR 編、山内知也監訳、明石書店、2011年）
『放射性セシウムが人体に与える医学的生物学的影響――チェルノブイリの病理データ』（ユーリ・I・バンダジェフスキー、久保田護訳、合同出版、2011年）
『ひろがる内部被曝』（矢ヶ崎克馬、本の泉社、2011年）
『文科省委託調査報告書・原子力発電施設等の放射線業務従事者等に係る疫学的調査（第Ⅳ期調査）』（(財）放射線影響協会、2012年）
『福島原発事故独立検証委員会・調査検証報告書』（ディスカヴァー・トゥエンティワン、2012年）
『国会事故調――東京電力福島原子力発電所事故調査委員会・最終報告書』（2012年）
『政府事故調――東京電力福島原子力発電所における事故調査検証委員会・最終報告書』（2012年）
『原子力損害賠償支援機構法』（高橋康文、商事法務、2012年）

図表一覧

（頁）

6. 日本の“原子力ムラ”

政府および省庁の所管組織	電力と産業界	学会・大学	その他
【内閣府】 原子力委員会 ㈶原子力安全研究協会 ㈶原子力安全技術センター **【経済産業省】** 資源エネルギー庁 総合資源エネルギー調査会 ㈶原子力発電技術機構 原子力発電環境整備機構 ㈶原子力環境整備促進・資金管理センター ㈶電力中央研究所 ㈶核物質管理センター ㈶電源地域振興センター ㈶若狭湾エネルギー研究センター ㈶原子力国際協力センター ㈶発電設備技術検査協会 ㈳原子力燃料政策研究会 ㈳火力原子力発電技術協会 ㈳海外電力調査会 ㈳日本電気工業会 ㈳日本貿易振興機構 ㈳日本原子力文化振興財団 ㈶海洋生物環境研究所 ㈳日本原子力安全推進協会 **【文部科学省】** (独)日本原子力研究開発機構 (独)放射線医学総合研究所（放医研） ㈳日本アイソトープ協会 ㈳医用原子力技術研究財団 ㈶放射線利用振興協会 ㈶放射線計測協会 ㈶放射線影響協会 ㈶環境科学技術研究所 ㈶高輝度光科学技術センター ㈶日本分析センター ㈶原子力安全技術センター（内閣府と重複） ㈶原子力研究バックエンド推進センター ㈳日本原子力産業協会（旧会議） **【環境省】（外局）** 原子力規制委員会・規制庁 **【厚生労働省】** ㈶放射線影響研究所（放影研） ㈶医用原子力技術研究振興財団 **【外務省】** IAEAとの連携 (独)国際協力機構 **【国土交通省】** **【農林水産省】** **【総務省】など**	**【電力9社が原発稼働】** 北海道電力 東北電力 東京電力 中部電力 北陸電力 四国電力 九州電力 電源開発 日本原子力発電 **【電力関連団体】** 電気事業連合会 （原発のない沖縄電力を含む10電力が会員） **【原子炉メーカー】** 東芝、日立（BWR＝沸騰水型炉）、三菱重工業（PWR＝加圧水型炉）。 **【原発関連産業】** 原発の土建工事に建設企業、プラント工事に原子炉メーカー系企業をはじめ、素材に製鉄・金属企業、ウラン権益に資源開発企業・商社、関連部品調達などに多数の企業が関わる。	**【3学協会】** 日本原子力学会 日本機械学会 日本電気協会 **【大学】** （原子力関連の学科、施設、原子力推進機関等との連携・協力、電力会社の寄付講座など） （順不同） 東京大学 東京工業大学 京都大学 東京都市大学 東海大学 筑波大学 福井大学 福井工業大学 慶應義塾大学 明星大学 茨城大学 近畿大学 東北大学 名古屋大学 群馬大学 立教大学 大阪大学 長岡技術科学大学 北海道大学など	医学・医療 文化人 メディア

（注）原子力ムラ：原子力発電を推進し、巨額の国家予算と市場の利益を共有し合う、主に政・官・財（産）・学・医学医療・文化人・メディア七者で構成される社会的集団。

（作成：筆者）

5. 日本の原子力発電所一覧（2015 年 4 月 20 日現在）

——合計60基（建設中3基を含む）のうち、廃炉14基を除く46基が残存——

電力会社	発電所	原子炉	稼働状況	原子炉の運転経年	新規制基準の審査申請問題点など
北陸電力	志賀	1	定期検査中	22年	
		2	定期検査中	9年	2014年8月～
日本原子力発電	敦賀	1	×廃炉	45年	
		2	停止中→定期検査中	28年	原子炉直下に活断層あり
関西電力	美浜	1	×廃炉	45年	
		2	×廃炉	43年	
		3	定期検査中	39年	
	大飯	1	定期検査中（調整運転→停止中）	36年	
		2	定期検査中	36年	
		3	定期検査中	各24、22年	2013年7月～ 福井地裁が運転再開の差し止め判決：2014年5月
		4	定期検査中		
	高浜	1	定期検査中	41年	
		2	定期検査中	40年	
		3	再稼働へ	各30年	2013年7月 パブリックコメント：2014年12月−2015年1月 再稼働審査合格：2015年2月 福井地裁が再稼働の差し止め決定：2015年4月
		4	再稼働へ		
中国電力	島根	1	×廃炉	41年	
		2	定期検査中	26年	2013年12月～
		3	建設中		
四国電力	伊方	1	定期検査中	38年	
		2	定期検査中	21年	
		3	定期検査中	21年	2013年7月～
九州電力	玄海	1	×廃炉	40年	
		2	定期検査中	34年	
		3	定期検査中	各21、18年	2013年7月～
		4	定期検査中		
	川内	1	再稼働へ	各31、30年	2013年7月 パブリックコメント：2014年7月−8月 再稼働審査合格：2014年9月
		2	再稼働へ		

（「原子力資料情報室」資料を元に筆者が加筆作成）

4. 日本の原子力発電所の現状（2015年4月20日現在）

電力会社	発電所	原子炉	稼働状況	原子炉の運転経年	新規制基準の審査申請 問題点など
北海道電力	泊	1	定期検査中	各26、24、06年	2013年7月～ 住民の避難計画などに課題
		2	定期検査中		
		3	定期検査中		
電源開発	大間		建設中		2014年2月～
東北電力	東通	1	定期検査中	10年	2014年6月～ 敷地に活断層あり
	女川	1	停止中→定期検査中	31年	
		2	停止中→定期検査中	20年	2013年12月～
		3	停止中→定期検査中	13年	
東京電力	東通	1	建設中		
	福島第一（過酷事故）	1	×廃炉		
		2	×廃炉		
		3	×廃炉		
		4	×廃炉		
		5	×廃炉		
		6	×廃炉		
	福島第二	1	停止中	33年	
		2	停止中	31年	
		3	停止中	30年	
		4	停止中	28年	
	柏崎刈羽	1	定期検査中	30年	
		2	定期検査中	25年	
		3	定期検査中	22年	
		4	定期検査中	21年	
		5	定期検査中	25年	
		6	定期検査中	各19、18年	2013年9月～ 敷地の断層を評価中
		7	定期検査中		
日本原子力発電	東海		×廃炉	32年	
	東海第二		停止中→定期検査中	36年	2014年5月～
中部電力	浜岡	1	×廃炉	33年	
		2	×廃炉	31年	
		3	定期検査中	27年	
		4	定期検査中	21年	2014年2月～
		5	停止中→定期検査中	10年	

年月日	主な出来事
2014年	
8月30日	放置された「原発事故子ども・被災者支援法」の基本方針を復興庁が策定、発表。
11月27日	大津地裁が、大飯原発3、4号機の運転再開と高浜原発3、4号機の再稼働の差し止めを求めた住民の仮処分申し立てを却下。
12月8日	**原子力市民委員会**が「原発ゼロ社会への道――市民がつくる脱原子力政策大綱」を日本記者クラブで発表。
20日	福島第一原発4号機プールから、**使用済み核燃料**を取り出す作業が終了。
31日	福島県の18歳未満の甲状腺検査で、**甲状腺がんと悪性の疑い**が、合計117人（うち甲状腺がん82人）に増加。
2015年	
1月22日	東京地検が、業務上過失致死傷容疑で告訴された東電の勝俣恒久会長らの元幹部ら3人を再び不起訴処分に。**東京第5検察審査会**が2度目の審査を開始。
2月24日	1年以上前から続いていた、福島第一原発2号機**屋上の汚染雨水**の排水路を通じた**外洋流出**を、東電が福島県漁業協同組合連合会の総会前日に発表。
3月13日	福島県の除染で出た汚染土を**中間貯蔵施設**（同県大熊町）へ搬入開始。
23日	国に未申請の「**指定廃棄物**」（放射能濃度8000ベクレル以上）が、宮城、岩手、茨木、埼玉、北海道の5道県で3648トンにのぼることが、環境省調査で判明。
25日	福島第一原発の**汚染地下水の放射性物質の総量**が年間2兆ベクレルを超すと、東電が原子力規制員会に報告。
4月14日	**福井地裁**が、関西電力に**高浜原発3、4号機の再稼働差し止め**を命じる仮処分を決定。原発運転を禁止する**仮処分決定は初めて。**
17日	厚労省の検討委員会が、原発事故発生時の**処理作業員の被ばく線量の限度**を、現行の100ミリシーベルトから250ミリシーベルトに引き上げる改正案を容認。 福島県南相馬市の住民ら534人が、局地的に放射線量の高い「**特定避難勧奨地点**」指定を解除したのは不当として、国に取り消しを求める訴訟を東京地裁に起こす。

（作成：筆者）

年月日	主な出来事
2012年	
9月19日	**原子力規制委員会**が発足。
2013年	
2月13日	**福島県の「県民健康管理調査」**18歳未満の**甲状腺検査**で、3人が甲状腺がん、7人が悪性または悪性の疑いがあると、第10回検討委員会が発表。
3月11日	**「市民と科学者の内部被曝問題研究会」**が、日本記者クラブで「被ばく基準の20倍の引き上げは加害者の論理で人権侵害」と、政府の政策を告発。
4月6日	**東電**が、隠蔽していた**高濃度汚染水の漏えい・流出**をようやく公表し、漁業従事者の不信と不安が高まる。
5月2日	**国連人権理事会**（HRC）が、日本政府に対し「『リスク便益』でなく、『人権』に基づく政策を実施し、年間被ばく量を1ミリシーベルトに減らす」ように勧告。
25日	**福島県**は、**「県民健康（管理）調査」検討委員会**の公平性、透明性を確保するため、山下俊一座長や委員ら福島県立医科大の**関係者4人を解任**。
6月21日	**「原発事故子ども・被災者支援法」**が、超党派の議員立法で成立。
8月	「避難指示解除準備区域」など3区域の再編が11市町村で終了。 貯蔵タンクから汚染水300トンが漏れたと東電が発表。 事故直後から2年間に**海へ流出した放射性物質の濃度**は、通常の年間放出基準の100倍以上と、東電が試算。
9月7日 （日本時間8日）	安倍晋三首相が、ブエノスアイレスのIOC総会で「汚染水は港湾内に完全にブロックされ、東京は安全」と宣言し、**2020年の東京オリンピック開催が決定**（**東京地検**は同じ日に、**福島原発告訴団**が業務上過失致死傷容疑などで告訴・告発した東電・政府の元幹部ら42人全員を不起訴）。
11月12日	福島県の18歳未満の甲状腺検査で、甲状腺がんと悪性の疑いが、合計59人（うち甲状腺がん26人）に増加。
2014年	
5月21日	**福井地裁**が、関西電力に大飯原発3、4号機の**運転再開の差し止め**を命じる**判決**。
6月〜	福島第一原発1〜4号機の周囲に、地下水の流入を防ぐ**凍土壁**の建設が始まる。

3. 東京電力・福島第一原発事故および関連の主な出来事

（2011.3.11 ～ 2015.4.17）

年月日	主な出来事
2011年	
3月11日	東日本大震災が発生、東京電力・福島第一原発が地震と津波で外部電源を失い、原子炉の冷却機能を喪失。
12日	1号機の**原子炉建屋**で**水素爆発**、**20キロ圏に避難指示拡大**。 菅直人首相が福島第一原発を視察し、15日東電本社を訪問して社員を叱責。
14日	3号機の原子炉建屋で**水素爆発**。
15日	4号機の原子炉建屋が**水素爆発**、**20 ～ 30キロ圏に屋内退避指示**。
4月4日	**東電**が、**放射能汚染水**1万1500トンを**海に放出**。
12日	**国際原子力事象評価尺度**（INES）で最も深刻な『**レベル**7』（**過酷事故**）に。
22日	政府が、原発半径20キロ圏と高濃度汚染地域を**避難指示3区域**（警戒区域など）に設定。
6月～	放射能汚染水を浄化する**汚染水処理システム**の運用開始。
8月30日	「**放射性物質汚染対処特別措置法**」が公布、即日施行される。
12月16日	野田佳彦首相が、原子炉は冷温停止状態になった、と**事故の収束宣言**をし、一般人の年間被ばく線量の安全基準値を1ミリシーベルトから20ミリシーベルトに引き上げる。
2012年	
2月10日	**復興庁**が発足。
28日	**民間事故調**が報告書を発表。東電による過酷事故対策の組織的怠慢を指摘。
4月～	政府が、避難指示3区域を、「**避難指示解除準備区域**」（20ミリシーベルト以下）**など3区域**に再編し、住民の帰還準備に着手。
7月5日	**国会事故調**が最終報告書を発表。規制当局が東電の虜にされ、監視機能が崩壊、事前の対策機会を逸した事故で、**自然災害ではなく**「**人災**」と結論。
25日	**政府事故調**が最終報告書を発表。国や大半の自治体は原発事故が複合災害として発生することを想定せず、国の危機管理態勢が不十分だったと指摘。

■ WHO（世界保健機関）

人間の健康を、基本的人権の達成目標の一つに掲げ、第二次大戦3年後の1948年に設立された国連機関。加盟193カ国・地域。

■ WNA（国際原子力協会）

原子力発電を推進する世界的な業界団体。1975年ロンドンに設立された。35カ国・地域の170社以上が加入。日本は電力9社、電源開発、日本原子力研究開発機構、商社などが会員。

■ CCRDF（チェルノブイリの子どもたちへの支援開発基金）

1990年設立されたアメリカの人道組織。チェルノブイリ被災国ウクライナで医療支援を行い、実態を告発。

■国内機関（組織）

■市民と科学者の内部被曝問題研究会

日本の低線量放射線の健康リスクを焦点に、科学的事実に基づく内部被ばくの研究や活動を展開し、世界基準の改革をめざす。2012年1月に設立された。澤田昭二理事長。

■原子力市民委員会

脱原発社会を構築する課題を把握し、政策をつくるシンクタンクとして各層を集め、2013年4月に設立。『脱原子力政策大綱』、『原発ゼロ社会への道』を関係機関へ提言。吉岡斉座長。

■放射能影響研究所（放影研）

1975年、ABCCと厚生省国立予防衛生研究所（予研）を再編し、日米共同出資運営の財団法人として発足。広島市と長崎市に研究所がある。大久保利晃理事長、ロイ・E・ショア副理事長。

（2015年5月31日現在）

2. 国際・国内の主な機関・組織

■国際機関（組織）

■ ABCC（原爆傷害調査委員会）

1947年、広島・長崎原爆の傷害実態調査のため、日米両政府がつくった機関。1975年に「放射線影響研究所（放影研）」に改組。

■ IAEA（国際原子力機関）

アメリカの主導で1957年に設立された国連機関。原子力の平和利用と軍事転用防止が目的。加盟166カ国、日本は設立来の理事国。

■ ICRP（国際放射線防護委員会）

現在の放射線防護基準をつくった民間組織。1950年に現名に改称。活動資金はIAEA、WHO、OECD・NEAなどの国際機関・団体、企業やイギリス、アメリカ、カナダなどの欧米諸国、日本、豪州などが拠出している。

■ Chernobuyr Forum（チェルノブイリ・フォーラム）

IAEAの指揮で2003年に創設。WHO、FAO、UNSCEARなど国連の各組織や、チェルノブイリ被災3カ国政府などを中心に構成。

■ ECRR（欧州放射線リスク委員会）

1997年に設立された。欧州評議会および欧州議会、国連や各国の政府などと関係を持たない市民団体。放射線防護の実態を告発。ベルギーに本部を置く。

■ FAO（国連食糧農業機関）

健全で活発な生活に十分な食糧の確保と食糧安全保障の達成を目的に、1945年に設立された国連機関。加盟196カ国・地域。

■ HRC（国連人権理事会）

国連総会の下部機関として2006年に設立。理事国47カ国。人権と基本的自由の保護・促進を、国連加盟国に対し勧告。

■ UNSCEAR（国連原子放射線の影響に関する科学委員会）

核実験が繰り返される1955年12月の第10回国連総会で設立が決まった。IAEA、ICRPと緊密な関係。

1. 原子力の用語と単位

■放射性物質と放射線、放射能の関係

「放射性物質」を電灯にたとえると、電灯の光が「放射線」に、その光（放射線）を放つ能力が「放射能」に相当する。

■シーベルト（Sv）

人体が受ける放射線の影響の度合い（吸収線量）を測る単位。

1Svという単位では利用しにくいため、1Svの1000分の1である1ミリシーベルト（mSv）が多用されている。1mSvのさらに1000分の1が、1マイクロシーベルト（μSv）である（したがって、1シーベルト＝1000ミリシーベルト＝100万マイクロシーベルトであり、1ミリシーベルトは1000マイクロシーベルトとなる）。

■ベクレル（Bq）

放射性物質が、放射線を出す能力（放射能）を表す単位。

放射性物質は、放射線を出しながら別の物質へと変化する。その際1秒間に1個の原子核が壊れて放つ放射能の量を1ベクレル（Bq）という。

■放射性物質の濃度とは

単位容積中に含まれる放射性物質の放射能量のこと。単位は1kgあたりベクレル（Bq/kg）、1立方センチメートルあたりベクレル（Bq/cm^3）などがある。

■被ばくで問題の主な放射線

（1）**アルファ線**はツブの大きい粒子線で、貫通力が弱く紙で止まる。

（2）**ベータ線**は電子で、アルファ線より貫通力があるが、アルミなどの薄い金属板で止まる。アルファ線、ベータ線とも、体内で「内部被ばく」の原因となる。

（3）**ガンマ線**は光や電波と同じ電磁波だが、貫通力が強く、厚い鉄板やコンクリートなどで防ぐ。「外部被ばく」を引き起こす。

■人工放射線

人間が、原爆や原発の開発、医療用に作り出した放射線（放射性物質）。

（1）**セシウム137、134**：137は半減期30年、134は同2年。

（2）**ストロンチウム90**：半減期29年。

（3）**プルトニウム239**：半減期2万4000年。

（4）**アメリシウム241**：半減期433年。

［附］

1. 原子力の用語と単位

2. 国際・国内の主な機関・組織（2015 年 5 月 31 日現在）

3. 東京電力・福島第一原発事故および関連の主な出来事
（2011.3.11 ～ 2015.4.17）

4. 日本の原子力発電所の現状（2015 年 4 月 20 日現在）

5. 日本の原子力発電所一覧（2015 年 4 月 20 日現在）

6. 日本の“原子力ムラ”

著者紹介

相良邦夫（さがら・くにお）

科学ジャーナリスト。公益社団法人・日本記者クラブ会員。常磐大学大学院非常勤講師。「教育新聞」客員論説委員。1940年生まれ。上智大学文学部卒業、新聞社に入社。ニューヨーク特派員、科学部長、早稲田大学アジア太平洋研究センター特別研究員、文科省人・自然・地球共生プロジェクト「高性能・高分解能気候モデル開発」研究運営委員などを務める。著書に『地球温暖化と CO_2 の恐怖』（1997）『地球温暖化は阻止できるか――京都会議検証』（編著、1998）『新・南北問題――地球温暖化からみた21世紀の構図』（2000）『地球温暖化とアメリカの責任』（2002、以上藤原書店）。ほかに共著書『ルポ・アメリカNOW』（1982）『日本・ハイテク最前線』（1987）『新・日本名木百選』（1990）、共訳書にビル・D・ロス『硫黄島――勝者なき死闘』（1986）B・イーズリー『性からみた核の終焉』（1988）E・キューブラー・ロス『エイズ、死ぬ瞬間』（1991）などがある。

原子力《げんしりょく》の深《ふか》い闇《やみ》　“国際原子力《こくさいげんしりょく》ムラ複合体《ふくごうたい》”と国家犯罪《こっかはんざい》

2015年6月30日　初版第1刷発行©

著　者　相　良　邦　夫

発行者　藤　原　良　雄

発行所　株式会社　藤　原　書　店

〒162-0041　東京都新宿区早稲田鶴巻町523
電　話　03（5272）0301
FAX　03（5272）0450
振　替　00160‐4‐17013
info@fujiwara-shoten.co.jp

印刷・製本　中央精版印刷

落丁本・乱丁本はお取替えいたします
定価はカバーに表示してあります

Printed in Japan
ISBN978-4-86578-029-1